KB096980

오거나이즈 타임

박정선 지음

미니멀써니의 마음을 채우는 1일 1비움

ORGANIZE TIME

오거나이즈 타임

Booksgo

프/롤/로/그

나는 '프로 귀차니스트'다

내 인생에서 가장 암울했던 시절이 언제냐고 묻는다면 두말할 것 없이 '신혼 초'라고 대답할 것이다. 가장 달콤한 사랑의 시기지만, 내게는 남편과 함께 쓰는 그 공간이 어색하고 낯설고 마음 둘 곳이 없어 떠도는 방랑자 같았다. 습관, 성향이 너무나 달랐던 우리가, 부부가 되어 한 공간을 함께 쓰게 되면서 관계는 오히려 삐걱거리기 시작했다.

오랫동안 꿈꾸던 신혼집 로망을 실현하고자 했던 나에게, 남편은 오랜 자취생활을 하면서 터득한 공간과 물건의 생각을 이해가 아닌 주입을 시켰다. 하지만 남편이 추구한 삶의 방식은 나를 설득시킬 수 없었다. 대신 내가 사들인 물건이 쌓여만 갔고 쌓여 가는 물건만큼 우리의 관계도 냉랭해졌다.

공간도 관계도 어느 것 하나 회복하지 못한 채 나는 엄마가 되었다. 엄마의 역할만큼은 잘하고 싶어 좋은 엄마가 되기 위해 안간힘을 썼다. 비록 집안일은 소화하지 못하고 방치되기 일쑤였지만, 아이에 대한 노력만큼은 진심을 다했다.

하지만 그런 나의 노력을 남편은 알아주지도 인정하지 않았다. 그럴수록 더욱 공간 꾸미는 일에 집착했고 SNS 속에서 인정받고자 했다. 온라인상에서는 누구보다 부지런하고 육아도 완벽하며 부러울 만큼 예쁜 집에 사는 사람으로 인정받을 수 있었기 때문이다.

집착이 과하면 화를 부른다고, 결국 물건에 대한 집착은 대참사로 돌아왔다. 작은 신혼집은 내가 아는 살림과 모르는 살림들이 뒤섞여 넘치기 시작했고, 물건들은 방치되었다. 지금까지 살면서 단 한 번도 물건이 많다고 느끼거나 비움과 정리가 필요하다고 생각했던 적이 없었다. '보통 다 이렇게 살지 않나?', '아이 키우는 집이 다 이렇지 뭐…', '식구가 늘면 살림도 느는 것은 당연하니까 평수를 넓혀 이사를 가는 것이 맞지 않나?'라는 생각만 했다.

결국 우리 세 식구는 작은 신혼집을 벗어나 8평이나 넓은 집으로 이사를 하게 되었다. 수납이 배로 늘어난 곳으로 이사를 왔지만 여전히 정리되지 않는 물건 때문에 치이고 쌓이기 시작하면서 좋은 엄마, 부지런한 아내의 자리에서 완벽하고자 고군분투했던 모든 역할들이 버거워지기 시작했다.

자연스럽게 자존감이 바닥으로 내쳐지기 시작했고 우울증 치료를 받았을 정도로 꾹꾹 눌러두었던 우울감이 세상 밖으로 튀어나오기 직전이었다. 나의 생명줄이었던 온라인상에서의 '예쁜 집'이라는 인정도 떨어진 나의 자존감을 끌어올리기엔 역부족이었다. 모든 것을 다 내려놓고 싶었지만 고개를 돌려보니 나의 소중한 아이가 있었고 미운 정 고운 정이 든 남편이 보였다. 내가 사랑하고 지키고픈 사람들과 행복하게 살기 위해 노력하기로 했다.

내 우울의 원인 중 1순위는 버거운 집안일이었다. 그나마 청소와 요리는 생존형으로 체득이 되어서 어느 정도 습관으로 자리를 잡았지만 정리정돈은 다른 차원이었다. 어렸을 때부터 단 한 번도 물건이 적은 집을 본 적도, 정리정돈을 제대로 배워 본 적도 없었다. 그래서 사람이 사는 집은 물건이 많아도, 정리정돈이 되지 않아도 전혀 문제될 것도 없었고, 내가 할 일도 아니었다.

그런 내게 정리정돈이 쉬울 리가 없었다. 그래서 스스로 정한 룰이 바로 물건 배열, 그 와중에 칼각이 정리정돈의 척도라고 생각했다. 줄을 맞춰 정리된 모습을 보면서 정리왕이 되어 있는 착각에 빠지기도 했다. 어느새 '오와 열'의 집착과 강박이 생겨 스스로를 피곤하게 만들었다.

가끔 아이가 물건의 정렬을 깨기라도 하면 예민함의 화살이 고스란히 아이에게 쏠렸다. '행복'하기 위해 '정리'를 하는 것이 아니라 '정리'를 하기 위해 살고 있는 것처럼 느껴졌다. 그런 찰나에 여백이 가득한 집을 찍은 사진 한 장이 나를 미니멀라이프의 세계로 끌어당겼다.

미니멀라이프의 장점과 단점을 스스로 깨달으면서 하나둘씩 실천하게 되었다. 그렇게 2년 동안 1일 1비움으로 우리집은 몰라보게 가벼워졌고, 버거웠던 집안일과 정리정돈도 더 이상 스트레스가 아니었다. 자연스레 집안일에 쓰는 시간이 줄어들면서 물건 자랑, 예쁜 집 자랑만 담아내기에 바빴던 SNS에 비움 기록을 새로 쓰면서 나의 민낯을 여과 없이 보여주며 현실 속 일상을 기록했다.

이러한 나의 기록이 미니멀라이프를 어렵게만 생각했던 이들에게 공감을 사기 시작했다. 그들의 고민을 해결해주면서 전업 주부로서의 삶만 살던 내가 1인 지식 경영가, 유튜버, 프로젝트 리더라는 직업을 가지며, 라이프 스타일을 카운슬링 해주고 그 경험을 엮어 책을 쓰는 작가가 되었다.

미니멀라이프로 공간뿐만 아니라 인생이 180도 뒤바뀐 사람이 바로 나, '미니멀쌔니 박정선'이다. 나는 절대 돌아가고 싶지 않은 시절과 공간이 있다. 내가 가장 처참하다 느끼고 살았던 그때, 많은 물건에 둘러싸여 이러지도 저러지도 못하고 결국 물건 무덤에 파묻혀 있던 그곳, 그 공간.

지금 내 손으로 만든 내가 살고 싶은 공간과 내 손으로 만든 나의 꿈과 인생을 지독하게 지켜 나가고 싶다.

마지막으로 끝까지 인정하고 싶진 않지만, 나를 미니멀리스트로 만들어 준 사람은 바로 남편이다. 타고나진 않았지만 현실판 미니멀리스트인 남편이 끊임없이 보여줬던 노력은 최소한의 물건을 가지고도 불편 없이 살 수 있게 만들었고, 한 번 내 손에 들어온 물건은 무슨 일이 있어도 최대한 오래 쓰고 아낀다(마누라, 아이들)는 것을 보여주었기에 자연스럽게 '미'며들 수 있었다.

인터넷 세상에서 누구보다도 나를 응원해 주는 내 편들(그들은 나를 '연예인'이라 부르고 '미니멀라이프 전도사'라고 불러준다)이 있었기에 물욕 앞에서 흔들리지 않고 '미니멀써니'로 굳건하게 자리매김할 수 있었다.

나는 '궁극의 미니멀리스트'로 불리기보다는 누구보다 즐겁고 유쾌하게 미니멀라이프를 실천하는 자신만의 기준이 또렷한 'K-미니멀리스트'로 기억되고 싶다.

미니멀라이프를 만나 그 누구보다 행복한 삶을 살고 있는,
K-미니멀리스트 미니멀써니의 글을 읽어주셔서 감사합니다.

미니멀써니
박정선

contents

2장 비움에도 노하우가 있다

contents

3장 물건 대신 행복을 채우기로 했다

4장 가벼운 삶을 만드는 미니멀라이프

contents

m i n i m a l s u n n y

1장

삶의 여유를 만드는 공간의 힘

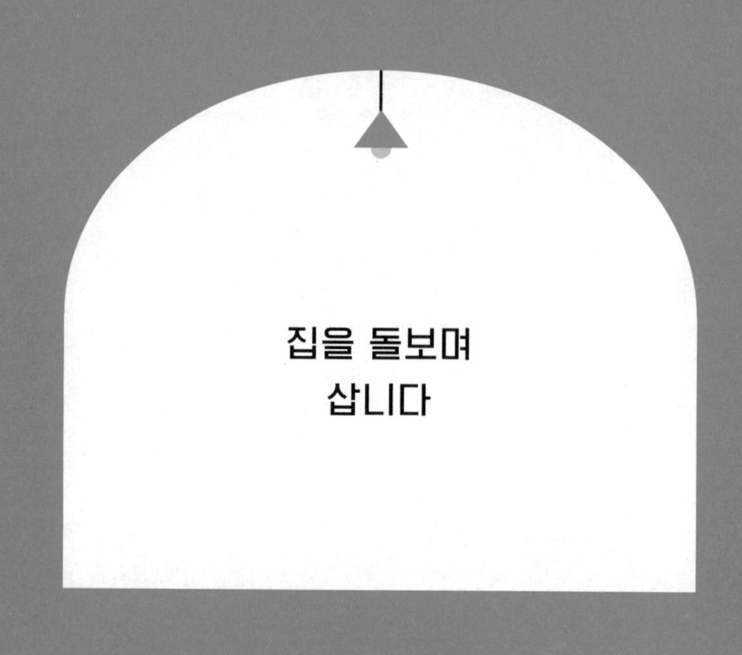

집을 돌보며 삽니다

살림과 육아 경험이 전무한 연습생이었던 나는 현모양처가 꿈이었다. 그런데 꿈을 향해 그 어떤 노력 한 방울 없이 갑자기 데뷔를 하란다. 운이 좋았던 걸까, 나는 철저하게 연습생 신분을 숨기고 꽤 그럴싸한 모습을 연출하며 오랜 시간을 프로 살림꾼과 세상에 없는 엄마 타이틀을 달고 온라인상에서 '어진 엄마와 착한 아내'의 꿈을 이루어 많은 팬을 얻었다.

하지만 가면을 벗고 난 후 내 모습은 옷 한 벌 없이 발가벗겨진 채 집이라는 무대에 올라 종료 버튼이 울리기 직전까지 마음을 졸이며 심사를 기다리는 초보 연습생이었다. 나의 유일한 심사위원이자 관객이었던 남편의 평가지에 적힌 F등급을 보고 "남들은 나에게 A등급을 주는데 당신은 왜 내게 F등급을 주는 거야?"라고 울분을 토했고, "지금 우리집을 봐! 그리고 당신을 봐! 이게 사람 사는 집 같아? 그리고 여기에 살고 있는 우리가 행복하다고 생각해?"라며 남편은 아웃을 선언하기 직전이었다.

초보 연습생이라는 것을 들키기 싫어 프로 살림꾼 가면을 쓰고 활동하는 나는 모두를 기만하고 있었다. 적당히 속이면 속아 주는 이 세계에서 나는 인기를 얻었지만 실상은 껍데기만 남은 프로 살림꾼이었고, 가짜 살림꾼이 사는 현실 세계를 직면했을 때 나의 공간은 참담했고 그곳에 살고 있는 사람들은 비참해 보였다.

나는 그제야 물건으로 부리는 허세가 아닌 진짜 내 인생을 살아보고 싶었고, 잃어버린 공간과 나를 찾고 싶어서 프로 살림꾼 타이틀을 내려놓았다. 내려놓으니 새로운 것들이 명함을 뿌렸고 관심을 가지며 따라오라 나를 유혹했다.

그렇게 운명처럼 미니멀리스트를 데뷔시키는 연습생으로 들어가 세상에서 가장 즐겁게 미니멀라이프를 하는 미니멀리스트 데뷔조 연습생으로 부단히 노력하고 있다.

재주도 없고 적성에도 맞지 않는 사람이 프로 살림꾼으로 살아가는 삶이 얼마나 고통이었을까? 해야 하는 이유도, 방법도 모르는 가짜가 연출해 놓은 살림 이야기가 얼마나 진심이었을까? 나의 살림력을 들키면 안 되니까, 시키는 대로만 하다 보니 스트레스 또한 극에 달했다.

스트레스로 쌓인 화를 달래기 위해 닥치는 대로 물건을 사서 공간을 채우며 '이것만이 내 유일한 숨통'이라 여겼다. 원하던 물건을 들일 만큼의 돈이 쌓이면 '이게 내가 열심히 살아가는 이유'라며 소비에도 거침이 없었다.

하지만 프로 살림꾼의 실체를 만천하에 공개하고 망신을 준 사람은 다름 아닌 '나'였다. 내가 들인 물건으로 망가져버린 공간을 보고 그로 인해 가족이 고통을 받고 있는 것을 보며 '나는 가짜입니다'라고 만천하에 공개 아닌 고백을 해버렸다. 그러고 나니 오히려 진짜를 찾아갈 수 있을 것 같았다. 내가 원하는 공간을 만들 수 있겠구나 싶어 남이 아닌 나에게 집중하며 살아갈 수 있겠다는 생각에 들떴다.

내 눈으로 확인한 가짜 프로 살림꾼의 집 구석구석은 쌓아 놓은 물건으로 인해 공간을 활용하기보다는 짐을 보관한다는 쪽에 더 가까웠다. 쌓아 놓은 물건들 중에서 다 써보지도 못하고 버려지는 물건을 보면서 온몸으로 나의 나태함을 직면하게 되었고 변덕을 체감하게 되었다.

집에서 놀고먹는 사람이 되기 싫어서 살림도 육아도 부지런을 떨며 치열하게 살았지만, 나는 그 물건들로 인해 집에서 놀고먹는 사람이 되어 버렸다. 집안에 물건들이 쌓이기 전에 제대로 관리라도 해봤다면, 내 시간을 제대로 써보기나 해봤다면, 나는 집에서 노는 사람이 아니라고 당당해질 수 있었을 텐데 물건 무덤에서 나는 그만 펑펑 울어버리고 말았다.

"진짜 노는 사람 맞았네…"

생각해 보면 나의 못난 자격지심이 공간을 망가지게 했고 그 자격지심이 공간을 채웠다. 물건 무덤에서 다짐했다. '이제 더 이상 공간을 꾸미려고 생각하지 말고 집을 가꾼다고 생각해 보자.' 그렇게 의지를 다지며 불필요한 물건들을 비워나갔다. 비움은 나의 마지막 자존심이자 끄나풀이었다.

비움으로 완성된 공간을 바라보며 이 공간을 만들기 위해 들인 시간과 노력은, 집을 꾸미기 위해 들인 시간과 노력보다 적었다. 미니멀라이프를 실천하기 전에는 집을 가꾸기 위해 영혼을 갈아엎어도 좋았다. 좀 더 좋은 공간에서 살고 싶었고 좋은 사람이 되고 싶었으니까.

태생적으로 나는 그것을 만들 수 없는 사람이었고 지속할 수 없었다. 하지만 비움은 달랐다. 불필요한 물건을 비우기만 했는데 모든 게 달라지기 시작했다. 비움은 내게 확실한 취향을 선물해 주었고, 내가 중심인 삶을 살아갈 수 있는 힘을 실어 주었다.

취향이 생긴 내게 여백이 넘치는 공간만큼 위로가 되는 것은 없었다. 그래서 나는 여백이 넘치는 공간을 지속하고 싶었다. 그 이유 때문에 물건 앞에서 흔들리지 않고 비교 앞에서 굳건하게 버틸 수 있었다.

집을 채우는 물건이 적어질수록 나를 위해 할 수 있는 일들이 늘어나고, 남을 위해 하지 않아도 될 일은 줄어들었다.

그리고 모든 물건이 제자리에 자리했고, 정리와 청소가 편해진 집을 만들어 갈수록 가족 모두가 집안일에 참여하기 시작했다. '잘하는 사람이 하는 게 정답이지'라며 집안일은 내 몫이자 내가 해야 마음 편하다 싶어 가족에게 집안일 참여 멤버로 자격을 주지 않았지만, 내가 살기 위해선 달라져야만 했다.

모두를 위한 정리 시스템을 만들어 사용한 물건은 제자리로 돌려보내는 일, 정리는 남이 아닌 내가 해야 하는 일. 이 두 가지는 우리집에서 무조건 지켜야 하는 철칙으로 세워 정리가 노동이 아닌 필수 습관이 될 수 있도록 만들었다. 왜 이렇게까지 하나 싶지만 집을 돌보는 일은 모두가 참여할 때 비로소 평화로워지며 자유로워질 수 있었기 때문이었다.

집안일에 오랜 시간을 쓰지 않기로 한 시스템을 장착해 움직이다 보니 자연스레 할 일을 미루지 않게 되면서 시간적 여유가 생겼고 불필요한 물건을 사지 않음으로써 저절로 돈이 모이기 시작했다.

시간적 여유가 생기고 돈이 생기면 나를 위해 사고 싶은 물건을 찾아 소비하며 지내던 과거와 달리, 이제는 나를 위한 경험을 찾아 가치 투자를 하는 사람이 되었다.

책과 거리가 멀었던 사람이 책이 주는 기쁨도 처음으로 느꼈다. 시간이 날 때마다 도서관으로 출근을 해 다양한 책을 읽었고, 그 시간이 하루를 버티는 힘이 되어 주었다. 우연히 책에서 본 유튜브라는 세계에 관심을 가지면서 유튜버가 되고 싶다는 막연한 꿈이 생기기 시작했다. 길잡이나 배움을 할 수 있는 상황이 여의치 않아 영상 촬영과 편집을 독학으로 끊임없이 노력했다. 그때 쓴 시간 투자로 나는 수익형 유튜버로 데뷔를 했고 돈을 벌기 시작했다. 지금의 나는 그때의 경험을 사람들과도 나누고 있다.

애써 모은 돈이 생기면 어떻게든 물건을 사서 스트레스를 풀고 보상을 받으려 했던 내가, 나의 성장을 위해 돈과 시간, 에너지를 쏟고, 다른 이의 성장을 돕는 나를 보고 있노라면 얼마나 신기할까?

나를 변하게 한 것은 미니멀라이프지만 결국 머리부터 발끝까지 바꾸고 싶었던 간절함이 커서 방법을 찾고 행동하게 만들었다.

완벽이 아닌 만족을 목표로 작은 것부터 시작을 했더니 성취감이 생기면서 나를 움직이게 만들었고, 물건보다 경험이 늘어날수록 꿈을 향해 전진해 가고 있었다.

나는 집안일을 잘하는 사람이 아니었다. 지금도 마찬가지고 평생 그럴 듯하다. 집안일을 하는 목적도 잘하고 있다는 인정을 받고 싶은 것이 아닌 나를 돌보는 데 있다. 어떻게 하면 여기서 더 나은 하루를 보낼 수 있을지, 어떻게 하면 나와 남을 도울 수 있을지에 대한 꿈을 꾸는 데에 시간을 보내기도 하루가 부족해서 내게 주어진 집안일을 처리할 때 최소한의 노력으로 최대의 효과를 보려고 소비를 통제하고 물욕을 다스리며 애쓰는 중이다.

나는 매일 발길이 닿는 이곳에서 좋아하는 일을 하며 새로운 꿈을 꾸고 나를 키워가는 중이다.

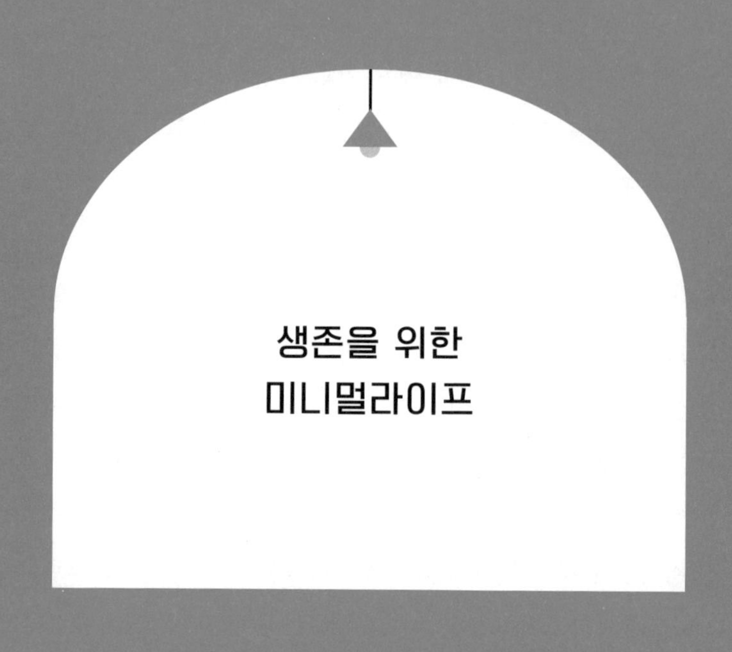

생존을 위한 미니멀라이프

"우리 큰딸이 살림을 할 줄 아는 게 많이 없어서 미안하네…"

달걀 프라이 하나 제대로 할 줄 모르는 내가 결혼을 했다. 그리고 갑자기 한 가정의 살림을 책임지는 주부가 되었다. 할 줄 아는 것도 없고 살림에 취미도 재주도 없는 나였기에 내 앞에 놓인 현실이 당황스러웠다. 하지만 나는 믿는 구석이 있었기 때문에 자신 있었다. 든든한 살림 스승인 친정 엄마가 가까이 계셨다.

어렸을 때부터 집안일의 모든 것을 도맡아 하시는 그녀, 직업이 엄마인 그녀는 집안 살림부터 교육까지 모든 것을 묵묵히 해내셨다. 그런 능력자 엄마 밑에서 자라다 보니, 나는 언제나 무슨 일이든 '엄마'를 찾았다. 결혼하고 나서도 나의 살림은 엄마에게 거의 맡기다시피 하였다.

"엄마, 이것 좀 해줘!"

딸의 부름을 받고 출동하는 엄마는 언제나 만능이었다. 무엇 하나 할 줄 아는 것이 없는 딸을 가르치기보다는 본인이 직접 하는 편을 선택하셨고, 그렇게 내가 할 모든 살림을 '그냥' 대신 해주셨다. 그런 엄마 덕분에 살림에 대한 고민은 전혀 하지 않고, 어린아이가 엄마를 찾듯이 계속 엄마만 찾았다. 그렇게 세상 든든했던 엄마가 하루는 청천벽력 같은 소리를 했다.

"죽이 되든 밥이 되든 이제 네가 알아서 해봐! 네 살림인데 내가 언제까지 도와 줘야 하니."

"자꾸 해봐야 늘어. 그러면서 살림도 배우고 하는 거야."

"이제 네 살림이니까, 네가 해봐."

당시 첫째를 임신하여 감정기복이 심한 상태여서 엄마의 말이 서운하기도 했지만, 더 이상 엄마에게 의지하면 안 되겠다는 생각에 정신이 번쩍 들었다.

마음만 앞선 '살림짱'이 갑자기 레벨 업이 되어 '살림왕'이 될 수는 없었다. 정리, 청소, 요리를 포함한 집안일이 손에 익지 않았고 뭐 하나 제대로 '클리어' 하는 것이 없었다. 그나마 직장생활을 하면서 손에 익은 일이 정리와 청소여서 이 분야(?)만큼은 자신 있었다.

하지만 신혼 초와 달리 아이를 출산하고 살림 연차가 늘어날수록 식구도 늘고 짐도 늘었다. 육아와 살림을 도맡아 하면서 평소에 관심이 적은 요리에 쏟을 시간과 에너지를 아껴 청소와 정리에 쏟아 부었다. 나름 뭔가 완벽해 보이고 싶었던 마음이 컸는지 아니면 집에서 논다는 소리를 듣고 싶지 않아서 였는지 청소, 정리에만 오직 최선을 다했다.

'아이 키우는 집이 깨끗하면서 예쁘기도 하네요'라는 소리를 듣고 싶어서 틈틈이 사들인 물건도 관리해야 하고, 짬짬이 아이도, 남편도 챙겨야 했다. 그렇게 스스로에게 버거운 일상을 견디며 내가 하고 싶은 일이라고 '셀프 가스라이팅'을 하며 집안일과 육아, 내조의 시간을 버텼다.

그러다 둘째를 임신하고 체력이 떨어지면서 그동안의 균형이 산산조각 부서지고 깨지고 말았다. 내가 집을 위해 해왔던 모든 것들이 하찮아 보이고 예쁘다 했던 공간들이 꼴도 보기 싫어지기 시작했다.

"잠깐만, 나는 대체 집을 왜 이렇게 만들어 놨지."

"이러다 청소, 정리만 하다 죽을 것 같아."

"나 오래 살아야 하는데, 이제 아이도 한 명 더 느는데… 우리 아가들 옆에 오래 살아 있어야 하는데… 우리 아가들 크는 거 오래오래 보고 싶은데…"

가까운 지인들과 남편은 우스갯소리로 임신 호르몬의 문제였다고 하지만, 그 당시 나의 심리상태는 심각했다. 체력과 호르몬, 멘탈이 붕괴되니 집안일이 손에 잡힐리 없었고, 잘 보이려고, 예뻐 보이려고 애썼던 집안 살림들이 쳐다보기도 싫었다. 그나마 내가 지켜야 할 큰딸과 그런 우리를 지켜 줄 남편이 있기에 회복하려고 애를 썼지만, 집안 살림의 회복 기세는 쉽게 타오르지 않았다.

집스타그래머로 한창 주가 상승을 위해 불태우던 열정도 식으면서 부질없는 SNS도 단절하려고 했을 때 우연히 '미니멀라이프'를 알게 되었다. 그 당시에는 미니멀라이프에 관심이 있었다기보다 여백이 많은 집이라고 소개된 사진 한 장이 나에게 큰 충격으로 다가왔다.

예전 같았으면 그 사진을 보고 '와… 저기에 있는 저 가구 참 예쁘다, 사고 싶다', '저런 집에서 살고 있는 사람들은 얼마나 편할까?', '나도 저렇게 살고 싶다'라며 부러워했을 것이다.

빈 여백을 가지든 맥시멀이든 그들이 갖고 있는 물건에 관심을 갖고, 돈만 생기면 필요에 상관없이 사들이기 바빴던 내가 '저런 집에서 사는 사람들은 청소와 정리가 쉽겠다'는 말이 튀어나온 것이다. 그때부터 미니멀라이프에 대한 다양한 서적이나 사진, 글을 보고 동기부여를 받았고, '정말' 살기 위한 생존의 수단으로 '라이프'를 '미니멀'로 바꾸기로 했다.

미니멀리스트의 DNA라고는 0.1g도 없었던 내가 미니멀라이프를 실천하겠다고 하니 가족뿐만 아니라 지인도 의심의 눈초리를 보냈다. 하긴, 그때는 나도 나를 믿지 못했다. 워낙 변덕도 심하고 물건을 비우지도 못하는 데다 예쁜 물건을 사 모으면서 수집하는 것을 낙으로 여기며 그 반응을 살피는 집스타그래머, 슈퍼 관종이 갑자기 미니멀라이프를 하겠다고 하니 곱게 응원을 해줄 리가 없었다.

이러나저러나 남들이 보내주는 응원 따윈 상관없었다. 미니멀리스트로 살고 싶어서 미니멀라이프를 하는 것이 아니라 잘하지 못하는 집안 살림의 부담감에서 해방되고 싶었다. 집에 채워진 짐들이 나를 밟고 서 있다는 답답함과 공포감에서 하루라도 빨리 벗어나고 싶었다.

정말 살고 싶었으니까… 물건을 좋아한다는 사람이 정작 어떤 물건이 몇 개가 있으며 어떤 상태로 남겨져 있는지는 생각도 안 하면서, 그저 욕구를 채우고 스트레스의 보상으로 물건을 채우고 풀었다.

물건이 많으면 많을수록 시공간을 관리할 줄 모르는 사람이라는 사실을, 미니멀라이프를 실천하면서 확실히 알게 되었다. 나는 물건을 좋아하는 것이 아니라 남에게 보이고 인정받고 싶은 마음을 새로운 물건에 투영했던 것이다. '취향', '보상심리'라는 단어를 핑계로 내게 있어도 그만, 없어도 그만인 물건을 예쁜 쓰레기로 방치하며 집에다 쌓고 또 쌓은 것이다. 본질은 없고 껍데기만 있는 예쁜 쓰레기 같은 인생이었다.

미니멀라이프를 실천하면서도 꽤 오랫동안 필요하다며 사고, 필요할 것 같아서 못 버렸다. 그 물건이 없어도 전혀 불편하지 않는 나의 살림에 미련을 떨쳐내지 못했다. 수없이 나의 선택이 올바른 것인지 확인하고 싶었지만 딱히 떠오르는 것도 없었다. 하지만 이것 하나만큼은 분명했다. 미니멀라이프는 살고자 했던 나에게 무조건 해야만 하는 생명의 동아줄이라는 것을.

'과연 내가 다시 살아날까? 잃어버린 공간이 다시 살아나긴 할까?'라며 스스로 의심했던 나와 가족, 지인들은 이제는 아무런 의심을 품지 않는다.

"우리집도 너희 집처럼 미니멀해질 수 있을까?"
"언제 우리집에 와서 정리하는 것 좀 알려 줄 수 있어?"

오히려 내게 상담을 한다. 어쩌면 그들도 집을 바라보는 심정이 예전의 나와 같다는 생각이 들어 그들의 집을 방문하고 미니멀라이프를 해야 하는 이유를 전달하고 실천할 수 있게 도와준다.

나는 예전이나 지금이나 '왜 미니멀라이프를 시작하셨어요?'라고 물으면 '살고 싶었거든요'라고 말한다. '미니멀라이프 이제 그만 하셔도 되지 않아요?'라고 물을 때도 '아뇨, 끝은 없다고 생각해요. 왜냐면 저는 살고 싶거든요'라고 한다.

불필요한 것들을 이고 지고 살았던 때로 돌아가고 싶지 않은 생존의 절박함이 시작의 이유였고, 지속하게 만드는 유일함이 되었다. 불필요한 것들은 계속 제거하면서 내가 정말 남기고 싶은 것들을 찾으며 살아가고 싶다. 바로 미니멀라이프를 사랑하는 이유이자 자랑하는 이유다.

여러분도 미니멀라이프와 사랑에 빠질 준비가 되어 있나요?

정리정돈을 배워 본 적 없는 엄마

친구 집에 놀러가서 차를 마시던 중에 깜짝 놀랐던 적이 있는데, 쓰레기통이 바로 옆에 있는 데도 친구의 딸은 과자 봉지를 아무렇지도 않게 식탁에 올려두는 것이었다.

"쓰레기는 쓰레기통에 버려야지."

"우리 엄마도 여기에 버리는데요?"

'우리 엄마도 여기에 버리는데요'라는 대답도 놀랐지만, 친구는 그 행동을 보고도 아무 말을 하지 않았다. 생각해 보니 친구도 쓰레기가 생기면 식탁에 올려두었다.

"어차피 계속 더러워질 텐데 나중에 한꺼번에 치우려고."

40평대 꽤 큰 집에 살고 있는 친구였지만, 우리집보다 좁다고 느꼈던 적이 한두 번이 아니었다. 현관문 밖의 자전거, 킥보드, 인라인 스케이트, 재활용 박스함, 캠핑용품에는 먼지가 수북이 쌓여 있었고, 현관에는 신발이 뒤엉켜 있어 신발을 벗고 집으로 들어갈 때면 늘 깔려 있는 신발을 밟고 들어갈 수밖에 없었다. 현관 벽엔 니트 바구니가 달려 있었는데 인라인 스케이트 장비, 축구공, 야구공이 들어 있었으며, 뜯지 않은 택배 박스와 이미 뜯고 난 택배 박스가 쌓여 있었다.

복도라고 불리는 공간에는 커다란 서랍이 있었는데 서랍 위는 아이들 로션, 디퓨저, 액자, 마스크 박스, 물티슈, 화병이 있었고 서랍 안은 수건과 옷으로 채워져 있었다. 복도 바닥은 아이들의 책가방이 놓여 있었고, 책가방 옆에는 책이 쌓여 있었다. 복도 가득 웨딩 액자부터 아이들의 성장 액자, 달력이 빈 벽을 채웠다. 거실의 소파 위에는 이불이, 소파 옆에는 길쭉한 옷걸이를 두고 옷무덤이라고 불러도 손색없을 만큼 옷이 가득 쌓여 있었다. 거실장 옆에는 말라비틀어진 여러 개의 화분이, 거실장 위는 TV와 책이 가득했다.

식탁 위는 먹다 남은 간식거리들, 마스크 박스, 정체 모를 물건들이 수납된 여러 개의 바구니가 놓여 있었으며, 아일랜드 식탁에는 사용하지 않은 가전제품과 유통기한이 넘은 영양제와 식료품들이 정리되지 못한 채 그 공간을 차지하고 있었다,

방들도 같은 상황으로, 이사 온 지 2년이 넘어 가는데 이제 막 이삿짐을 푼 집의 모습 그대로였다. 정리가 되지 않은 채로 지내는 것에 꽤 익숙해진 모습에 이상함을 느껴 물었다.

"이렇게 살면 불편하지 않아?"

"불편하긴 하지… 그런데 정리를 하고 싶은데 어디서부터 어떻게 시작해야 하는지 모르겠어."

"불필요하다고 생각되는 물건을 버려야 정리가 되더라."

"문제는 우리 가족은 물건을 못 버리는 거 같아. 나도 정리 좀 해볼까 해서 버리고는 있는데 티도 안 나고, 짐도 그대로인 것

minimal sunny

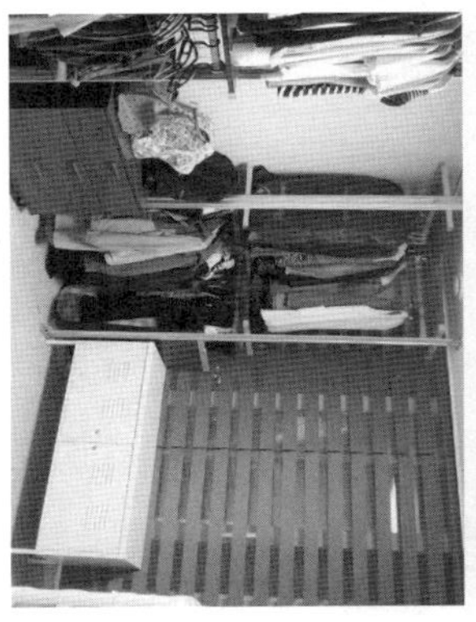

같아. 지금 집은 너무 작기도 하고 우리집 식구들이 더 늘어날 것을 대비해서 더 큰 집으로 이사 가야 문제가 해결될 것 같아."

정리가 되어 있지 않은 공간을 보면서 결혼 전 우리집이 떠올랐다. 전업주부였던 엄마는 부지런하셨다. 가족을 위해 삼시 세끼 따뜻한 밥을 지었고, 알뜰살뜰 살림을 챙기며 우리 삼 남매를 키우셨다. 그러나 그런 엄마의 모습과는 다르게 집에 대한 기억은 그리 산뜻하지 않다.

신발장 위엔 가족 액자, 두 딸과 아들이 미술 시간에 만들어서 가지고 온 지점토 조형물에, 사탕, 연필, 운동화 끈, 머리핀, 풀이 들어 있었고 각티슈가 있었다. 현관 바닥엔 언제나 우리 다섯 가족의 신발이 가득했으며 거실 소파 위엔 개어 놓은 빨래와 이불이 자리를 잡고 있었다.

거실장 안 서랍 속에는 신문, 비디오테이프, 청소용품들, 바느질함, 액자, 화장품, 책, 전단지가 언제나 가득했고, 싱크대 상부장 위엔 엄마의 살림살이로 넘쳐 났다. 언제나 빠듯한 외벌이 살림을 하셨던 엄마는 물건 버리는 것은 '절대낭비'라고 생각하셨기에 집 안 가득 오래되고 버리지 못한 살림살이와 우리 다섯 식구의 짐들이 공생하고 있었다.

삼 남매 방은 책상과 침대, 책상, 행거가 있었는데 눈을 씻고 찾아봐도 빈 공간은 없었고 불필요한 물건들로 가득 차 있었다. 그나마 남동생 방은 조금 숨통이 트였지만, 나와 동생이 머물던 방은 구제불능 그 자체였다.

'화장대'라고 쓰고 '먼지 소굴'이라고 불렀던 작은 서랍장이 가장 최악이었는데, 뚜껑을 채 닫지도 않은 화장품, 각종 장식품과, 액세서리가 서랍 위를 점령했다. 나와 여동생이 사용했던 방바닥엔 머리카락과 먼지가 데굴데굴 굴러다녔는데, 엄마도 정리나 청소를 시도하셨지만 끝내 포기하셨다.

행거는 언제 무너질지 모를 만큼 늘 아슬아슬했으며, 옷을 넣어 둘 서랍은 부족했고 걸어 놓을 곳이 없어서 책상 위에 두거나 새 옷을 사는 날에는 넣어 놓을 곳을 찾거나 돌돌 말아 쑤셔 넣기에 바빴다. 비닐도 뜯지 않고 택도 제거되지 않은 옷이 늘 넘쳐 났다. 물건이라도 하나 찾으려면 서랍을 꺼내 바닥에 쏟아서 하나하나 골라내야 했고 그나마 찾으면 다행으로 여겼다. 그나마도 못 찾는 날에는 '아, 몰라! 그냥 다시 하나 사자'라는 식이었다. 혼자서

방을 사용할 때도 똑같았다.

그러면서 나는 서서히 정리가 되지 않는 공간에 익숙해지기 시작했다. 정리되지 않고 더러운 공간 안에서 살아가는 데도 딱히 생명에 지장은 없으니 눈 한 번 딱 감으면 끝나는 거니까 이 순간만 참자 하며 버텼다. 행거가 무너지면 다시 일으켜 세우면 되고 가득찬 서랍이 물건들을 토해내면 그냥 바닥에 두면 되지 뭐, 라고 생각하며 전혀 아무렇지 않게 지냈다.

친구네 집도 그때의 우리집과 별반 다르지 않았다. 정리정돈과 청소의 필요성과 만족, 기쁨에 대해 느껴보지 못한 것 같았다.

어쩌면 당연히 해야 했던 것들, 사람이 살아가는 데 기본적으로 가져야 할 습관을 배우지 못하고 기쁨조차 몰랐던 나를 보는 것 같았다. 나에게 정리정돈과 청소를 해야 하는 이유를 알려 주었다면 아마 조금 더 일찍 정리정돈과 청소에 눈을 뜨지 않았을까? 지금 친구네 집도 그때의 나와 같다는 생각이 들었다.

다행히 내 딸들은 여백이 많은 공간, 정리정돈이 잘 되어 있는 공간, 늘 깨끗한 공간을 당연하게 받아들이며 익숙해 있다. 훗날 아이의 기억 속에 떠올릴 '집'의 모습이 현재를 살아가고 있는 '집'의 모습과 다를 바가 없기를 바란다. 어릴 때부터 정리정돈을 배워 왔고 그 기쁨이 무엇인지 알고 크다보면 굳이 연습하거나 공부하지 않아도 자연스럽게 몸에 배어 습관으로 체득할 수 있기 때문이다.

부모는 자식의 거울이라고 했다. "우리집이 어수선한 것은 다 아이들 때문이에요"라고 말하는 사람들에게 "자신을 객관적으로 보길 바라요"라고 말해주고 싶다.

지난날 나는 현관에 쌓인 신발 때문에 생활이 불편해지기 시작했다. 발 디딜 틈이 없던 현관 바닥 신발들은 제자리를 찾지 못해 정리되지 않았다. 신지 않는 신발을 비우고 정리를 했더라면 해결이 되었을 텐데, 계속 짜증만 내고 있었다. 정리도 정리할 수 있는 공간을 만들어야 가능한 법이다. 그런데 아무런 대책 없이 무작정 정리하기만을 강요하고 있었다.

그 후 신지 않는 신발들을 비우고 정리하면서 정리정돈이 편하고 청소하기도 쉬운 현관을 얻게 되었다. 외출 후 신발을 가지런히 정리하고, 신지 않는 신발은 신발장에 두는 습관, 마스크는 마스크 걸이에 걸어 두는 습관까지 가족과 공유하고 나와 남편이 먼저 실천하면서 아이들도 자연스럽게 익히게 되었다.

아이의 물건이나 습관을 탓하지 말고 먼저 부모인 나의 정리정돈 습관을 되돌아보자. 정돈된 공간을 싫어하는 사람은 없다. 아이도 마찬가지다. 정리정돈을 잘하는 아이로 키우고 싶다면 부모가 먼저 움직이고 변하자. 눈 감고 귀 닫고 딱 1년만 말이다.

꿈을 꾸는 거실

첫아이를 임신했을 때 책 육아에 빠진 나는 아이가 태어나기를 학수고대하고 있었다. 아이가 태어나면 거실 가득 아이가 좋아하는 책을 들여 책을 좋아하는 아이로 키우고 싶었고, 그렇게 키워야만 잘 키운다는 말을 들을 수 있을 것 같았다. 그래서 아이가 태어나기도 전에 나의 바람과 설렘을 책장에 채웠다.

당시 신혼집은 21평이었는데, 동일 평수에 비해 거실이 조금

넓었고, 정남향에 햇빛과 바람이 잘 드나드는 곳이었다. 3인용 소파를 들였음에도 답답하게 느껴지지 않을 공간이었다. 그래서 책장 하나쯤 더 들인다고 해서 집이 좁아질 거라 생각하지 않았고, 아이를 위한 것이라는 명목으로 거침없이 들였다.

그렇게 아이가 돌이 될 때 즈음 거실에는 두 개의 책장과 책장을 가득 채운 책, 아이의 장난감과 당시 꼭 필요하다고 느꼈던 육아템들이 뒤엉켜 그야말로 아수라장으로 변해 있었다.

그럼에도 책장 하나를 더 들여야겠다는 생각을 할 만큼 부족해 보였다. 아이를 위해 아이의 책으로 채우는 일을 멈출 수가 없었다. 어느 것 하나 정리되지 않은 채로 공간을 빼곡하게 채운 책장, 소파, 육아템을 보면서도 무언가 부족한 것 같아 불안감이 엄습했다.

특히 책과 책장은 그 당시의 나에게는 생명줄과도 같았기에 그저 부족해 보였다. 책 육아에 집착하며 우리집은 햇빛과 바람, 공간을 잃었고, 늘어나 버린 짐 때문에 더 큰 집으로 이사를 가야 했다. 게다가 큰 집으로 이사를 가기 위해 부채까지 감수해야 했다.

그렇게 이사한 두 번째 집은 30평대로 보이는 28평이었다. 정남향 구조에 햇빛과 바람이 잘 드나들었고 무엇보다 거실이 예전 집보다 훨씬 넓었다. 평수가 늘어났으니 책장을 더 많이 들일 수 있겠구나 싶어서 얼마나 설렜는지 모른다. 이사 가는 날을 손꼽아 기다리면서 책장을 주문하기 바빴다.

그렇게 책장만 채웠으면 그나마 다행이었을 텐데 갑자기 호환마마보다 무섭다는 인테리어 병에 걸려서 인터넷으로 인기템을 사서 그 넓은 거실도 채웠다. 책장도 소품도 '내'가 아닌 '아이를 위한 것'이라는 위안과 함께 말이다. 아이를 키우는 나의 유일한 로망인 '아이를 키우면서도 예쁨을 유지하는 집'이라는 말을 듣고 싶었고, 그럼에도 책 육아도 잘하고, 살림도 잘하는 사람으로 비춰지고 싶었다. 그렇게 나는 두 번째 집도 욕구로 채우며 서서히 햇빛과 바람, 공간을 잃었다.

세 번째 집은 29평으로 평수도 넓었고 마음에 쏙 드는 집이었다. 물론 이전 집도 햇빛과 바람이 잘 드는 집이었지만, 세 번째 집은 따뜻한 햇볕과 시원한 바람, 탁 트인 뷰가 너무나 마음에 들었다.

"이 집이다!!"

세 번째 집으로 이사 오기 전에는 다행히 더 이상 새 책장과 책은 들이지 않았다. 앞서 두 번의 쓰라린 경험으로, 아이는 내가 원하는 대로 커주질 않는다는 사실을 알았다.

스스로 책을 읽는 아이가 되었으면 했는데, 내가 읽어주는 것을 더 좋아했고 거실을 가득 채운 책보다 장난감을 가지고 노는 것을 즐기는 아이었다. 그런 3살 꼬마에게 '놀지 말고 책을 읽어'라며 나의 생명줄과 같았던 책을 강요하는 일이 여간 힘든 것이 아니다.

책 육아를 위해 돈과 시간을 들였지만, 그 공간에는 주인공인 아이도, 나와 남편, 그 누구도 없었다. 먼지가 쌓였고 늘어난 책과 물건 때문에 가족끼리의 싸움만 잦아졌다. 아이를 위해 들인 육아템은 나를 '좋은 엄마'로 만들어 주지 않았고, 호기롭게 시작했던 예쁜 집은 그 어디에서도 찾아볼 수 없었다.

벽을 가득 채웠던 책은 아이를 위한 것이 아닌 남의 시선에 목을 매던 나의 유리멘탈을 숨기고 채우고 싶었던 것은 아닐까라는 생각이 들면서 더 이상 육아서를 읽지 않았다. 그 후로 꽤 오랫동안

많은 책을 비우면서도 채우거나 들이지 않았다.

대신 도서관에 가서 아이는 아이대로 나는 나대로 책을 읽었다. 거실 가득 책으로 채웠던 그때보다 도서관에서 아이와 함께 있는 시간이 행복했다. 거실을 채웠던 책장은 중고 판매로 비우고, 남은 것은 아이 방으로 들여 공간을 재구성했다.

그동안의 인테리어 병이 사라지면서 소품이 비워지고 공간이 회복되었다. 가족 간에도 싸움보다는 웃음과 활기가 채워졌다.

필요 없는 물건을 비워가면서 만들어진 우리집 거실은, 이제 아이만을 위한 공간이 아닌 가족을 위한 공간이 되었다. 더 이상 비움이 필요하지 않은 거실, 햇빛과 바람이 잘 드나들고 바라만 봐도 좋은 기운이 느껴지는 우리집 창 너머 뷰를 마시며 나를 챙긴다.

집안일이 귀찮아서 미니멀리스트가 되기로 했다

결혼 전엔 자발적 집순이 생활을 즐기는 나였다. 집에서 내가 하는 일이라곤 엄마가 차려 놓은 따뜻한 삼시 세끼를 먹고, 엄마가 정리하고 치워 놓은 공간에서 잠을 자고 엄마가 깨끗하게 세탁해 놓은 옷을 입고 벗는 일이었다. 집에 있어도 심심할 틈이 없었고 불편함을 느껴 본 적이 없을 정도로 나는 그렇게 집이 좋은 지독한 자발적 집순이였다.

그런 내가 결혼을 하고 얼마 지나지 않아 임신을 하게 되었는데, 심한 입덧이 시작되면서 직장생활도 그만두게 되었다. 매일 스케줄대로 움직이며 바삐 지냈던 나에게 갑작스러운 경력 단절은 스스로를 무기력하게 만들었다.

친정과 그리 멀지 않은 곳에 신혼집을 꾸렸지만 그곳엔 마음을 터놓고 지낼 친구도 지인도 없어서 그저 남편의 빠른 귀가를 바라고 기다렸다. 남편이 없으면 아무것도 못하는 남편 바라기가 되어 버렸다. 집에 있어도 살림에 대한 흥미가 없다 보니 입덧을 핑계로 남편이 돌아올 때까지 침대와 한 몸이 되어 하루를 무의미하게 보내기 일쑤였다.

그런 나와는 반대로 회사에서 퇴근을 한 남편은 또다시 집으로 출근을 했다. 나와 달리 계획형 인간이자 부지런함의 아이콘이었던 남편은 집안일에 관심이 적고 살림에 서툰 와이프를 도와 매일 밀린 집안일을 했다.

"여보 맨날 침대에 누워만 있으면 무기력해지니까 몸을 좀 움직여 보는 건 어때?"

"문화센터에 좋은 프로그램도 있는 것 같은데 입덧도 끝났으니까 한번 배워봐."

그 당시 나는 남편이 던지는 말 한 마디, 눈빛에 틈만 나면 기분이 너울거리는 와이프였다. 이미 마음이 꽈배기 같아져서 무슨 말을 해도 '집에서 노는 사람'으로 들렸고 무슨 행동을 해도 싸늘하게 받아쳤다.

남편은 나의 예민함과 우울함, 게으름과 나태함을 바꾸어 보려 많은 노력을 기울였지만, 변하지도 바뀌려고도 않는 나를 언젠가부터 그냥 지켜보기만 했다. 아이가 태어나면 바뀌지 않을까 하는 기대가 있었을지도 모른다.

나 역시 엄마니까 아이를 위한 공간만큼은 정리하고 좀 더 부지런하게 움직이려고 애를 썼다. 하지만 제대로 된 끼니를 챙기기도 힘들고 시도 때도 없이 울어대는 아이를 키우는 매 순간이 고역이었다. 모든 것을 놓아 버리고 싶을 만큼 스트레스가 극에 달했다.

그래도 아이를 키우는 공간만큼은 청결을 유지하려고 했다. 다른 곳은 몰라도 아이가 생활하는 안방은 깨끗함을 유지하려 죽

을힘을 다했다. 안방 생활을 마무리하고 밖으로 나온 그때 비로소 우리집 공간의 충격적인 민낯을 마주하였다.

민낯을 마주한 후 고민을 거듭하며 처음으로 살림에 관심을 갖고 정리정돈을 시작했다. 그 당시에는 비움에 대한 생각보다는 잘 정리해주는 수납용품이나 가구에 관심이 많았다. 수납에 포커스를 맞춰 살림 블로그, 책을 찾아보며 수납용품을 들여 정리를 시작했다.

수납이 잘 되는 물건을 사서 생활해 보니 정말이지 수납이 잘 되었다. 그것만으로도 나의 삶의 질이 수직 상승되는 것 같아 '역시 장비빨'이라 생각하며, 정리를 못했던 것이 아니라 장비가 없을 뿐이라며 관련 장비를 갖추는 데 돈과 에너지, 시간을 썼다. 어느 정도 정리가 되는 것을 느끼며 당시 유행했던 인테리어템까지 하나둘씩 사서 공간을 채웠다.

어느 정도 정리가 되면서 우리집을 어딘가에 자랑을 하고 싶어 인터넷 인테리어 카페에 글을 올려 반응을 살폈다. '아이가 있어도 예쁜 집', '아이가 있어도 살림을 잘하는 사람'이라는 말을 듣고 싶었던 때라 나는 사람들의 댓글 하나하나에 반응했고 더 적극

적으로 정리템을 사고 인테리어템을 사서 집을 채웠다.

그러나 그런 댓글에 일일이 반응할수록 나의 공간은 빈 벽이 사라지고 모든 공간이 물건으로 채워졌다. 그뿐만 아니라 쉼과 여유가 사라지며 생활은 엉망이 되었고, 그나마 청결을 유지하면서 겨우 정리를 하던 집의 균형도 깨졌다.

손만 뻗으면 아이를 다치게 할 인테리어 소품과 가구가 즐비했다. 하나를 얻으려면 다른 하나는 포기할 줄도 알아야 했는데, 나는 둘 다를 놓지 못했다. 피곤했다. 어느 때보다 녹초가 되었고 그럴수록 집안일에 더욱 손을 놓았다. 유아 교육을 전공해서 그나마 자신 있던 육아도 마음처럼 되지 않았다.

모든 게 초보였던 나의 욕심이었다. 나는 욕심을 인정하고서 겨우 부담감과 예민함을 내려놓을 수 있었다. 둘째 아이를 임신하고 첫째 아이가 어린이집을 다니면서, 처음으로 시간적인 여유가 생겼다. 여유가 생기니 그때부터 손을 놓았던 청소와 정리, 공간을 바라보는 관점이 바뀌기 시작했다.

정리와 청소를 할수록 스트레스를 받던 그때의 나에게 비움

m i n i m a l   s u n n y

에 대한 이해가 없었다. 물건을 비우면 노력하지 않더라도 자연스레 정리가 된다. 나처럼 정리를 제대로 배워 본 적이 없고 정리된 공간에서 살아본 경험이 드문 사람도, 어떤 신박한 정리템으로도 해결되지 않는 문제가 해결이 된다는 것을 그때서야 알게 되었다.

처음부터 완벽한 비움 생활을 실천하지는 못했다. 미니멀라이프와 반미니멀라이프 사이에서 방황도 많이 했다. 그나마 방황 속에서도 흔들리지 않았던 생각은 더 이상 집안일에 10분 이상 소비하고 싶지 않다는 거였다. 단 하루를 살더라도 '청소가 편한 집'에서 살고 싶다는 생각이 간절했다.

꾸준함이 동반된 비움 생활 6년 동안 많은 물건이 비워졌고 새롭게 채워진 물건 역시 생겼다. 집안은 몰라보게 달라졌고 하루 중 쉼이 생겨나니 화가 쌓이지 않고 편안해졌다. 공간이 단정해질수록 집안일이 조금씩 수월해졌다.

우연히 마주하게 된 여백이 많은 집 사진에 홀려 비움을 실천하면서 달라진 것이 많지만 '살림하는 거 좋아하세요?'라고 물어본다면 여전히 '아뇨, 저는 여전히 집안일은 귀찮고 책임감 때문에 하는 일입니다'라고 대답할 것이다. 그럼에도 나는 미니멀라이프를 실천하고 비움과 채움을 반복하며 여유와 쉼을, 한결 가벼워진 삶을 영위해 나갈 것이다.

미니멀리스트는
귀차니스트의 가장 상위 버전

나는 매일 어떻게 하면 집안일에 들이는 시간과 에너지를 줄일 수 있을까를 연구하는 꼼수의 달인이자 프로 귀차니스트다.

청소와 정리를 몰아서 했던 살림 시스템에서 매일 대강하는 청소 시스템으로 만들어야 했다. 집안일에 공들이는 시간과 에너지를 줄이기 위해서는 평소 마음을 먹어야 청소를 했던 공간부터 달라져야 했었는데, 그곳이 바로 현관 바닥이었다.

바닥에 먼지와 각종 털들이 데굴데굴 굴러다녀도 외면했고 정리되지 않는 신발들과 언젠가는 쓸모가 있을 것 같아 보관해 두었던 택배 박스, 둘 곳이 마땅하지 않아 놓아 둔 아이스박스까지 그곳은 청소가 되지 않은 곳 아니 청소하기 싫은 공간이었기에 대청소를 핑계로 한 달에 한 번 살림과 먼지를 걷어내는 장소가 바로 우리집 현관이었다.

그대로 두어서는 하루 종일 현관만 쳐다보다 화병으로 죽든지 저기만 청소하고 정리하다 과로사로 죽든지 둘 중 하나일 것 같아서 밀대로 집안 바닥의 먼지를 쓸고 난 뒤 현관 바닥 마무리하기를 루틴으로 만들었다. 현관 바닥에 자주 신는 신발을 제외하고 신발장에 보관했던 택배 박스는 즉시 치워 버렸다.

그랬더니 꽤 오랫동안 현관 바닥에 먼지를 쓸어 담는 일이 쉬워졌고 1년여를 반복하다 보니 이제는 현관 청소에 공을 들이는 시간이 1분도 걸리지 않게 되었다. 치워야 할 물건을 제때 치우고 비워야 할 물건을 그때그때 비우고 정리해야 할 물건을 정리했을 뿐인데, 나는 여태 이렇게 쉬운 일을 하지 않고 산 것이다.

현관이 반짝이고 훤해지면서 신기하게 다른 공간의 변화도

마음 먹기에 달렸다는 생각을 했다. 그래서 화장실 청소 역시 에너지와 시간의 최소화 시스템을 만들어 움직였다. 매일 대강의 청소 시스템을 위해서 필요한 것은 못 쓰는 샤워볼 한 개와 틈새 솔, 걸레 한 장이면 충분했다.

샤워를 할 때마다 머리부터 발끝에서 나오는 거품을 바닥과 변기에 뿌려 샤워볼로 '대강' 문질러 닦고 줄눈은 틈새 솔로 '대강' 슥슥 문질렀으며, 물기를 닦은 수건으로 타일 벽과 수전, 거울을 '대강' 닦은 뒤 화장실 전용 마른 걸레로 물기를 바짝 닦고 나오는 일명 '대강' 시스템만으로도, 물때와 곰팡이가 살기 힘든 매일 보송한 공간으로 재탄생시켰다.

5분도 안 걸리는 화장실 청소를, 예전의 나는 일주일에 한 번 30분이 넘게 지독한 락스 냄새 속에서 곰팡이를 박멸했다는 생각에 어처구니가 없어서 쓴웃음이 났다. 지금도 화장실에 들어가면 손을 씻을 때 나오는 비누 거품으로 세면대를 문지르고 걸레를 빨면서 수전을 닦고 용변을 보고 난 뒤 바닥에 떨어진 머리카락을 주워 버리며 예전의 내 모습에 기가 차서 말이 안 나온다.

가스레인지, 주방 타일 벽, 싱크대 볼, 유리창, 가구 위 역시 날 잡아 청소하기 싫어서 큰 힘이 들어가기 전에 매일 틈틈이 공간을 관리하는 중이다.

정리도 마찬가지다. '언제 한번 날 잡아 정리해야지'라고는 해도 진짜로 날을 잡아 정리를 한 적은 극히 드물었던 사람이었다. 정리 한번 하려고 하면 귀찮아서 미루고, 막상 계획한 날짜가 되었을 때도 '귀찮아… 티도 안 나는 정리해봤자 뭐해…'라면서 정말 티도 안 나는 짓을 티가 나게 정리하지 않고 살았다.

그래서 많은 시간과 큰 힘을 들이지 않기 위해 새로운 루틴을 만들어야 했다. 바로 '비움'이었다.

물건의 가짓수가 적은 집도 아니었고 넓은 집도 아니다 보니 정리를 하려면 공간을 비워야 했다. 물건을 비워내야 정리하기 쉬운 집, 물건을 채우지 않아야 정리가 유지되는 집이 필요했다. 그래서 무조건 '1일 1비움'을 2년간 지속했더니 정리로 시간과 에너지를 쓰지 않아도 되는 집이 완성되었다.

내가 만약 집안일을 하는 것이 귀찮지 않은 사람이었다면 어땠을까라는 생각을 해 본 적이 있다. 그랬다면 아마도 미니멀라이프를 선택하지 않았을 것이다. 물건이 많아도 바라만 봐도 좋고 그것을 관리하는 일마저 버겁지 않으며 내 하루를 그곳에 담뿍 써도 아깝다는 생각을 하지 않았더라면 내 생애 미니멀라이프는 없었을 것이다.

오랜 비움 생활로 터득한 나만의 정리, 청소 시스템은 가족에게도 물들어 갔고 이제는 가족 모두가 한마음 한뜻으로 단정하고 깨끗한 공간을 만들어 가고 있다.

나의 게으름이, 누구나 인정하는 귀찮음이 지금의 '미니멀써니'를 만든 것 같다. 모든 일은 종이 한 장 차이이다. 미니멀라이프냐 아니냐도 결국 그 차이가 아닐까? 오늘도 귀찮음으로 미뤄두고 있는 그대들에게 미니멀라이프를 추천한다.

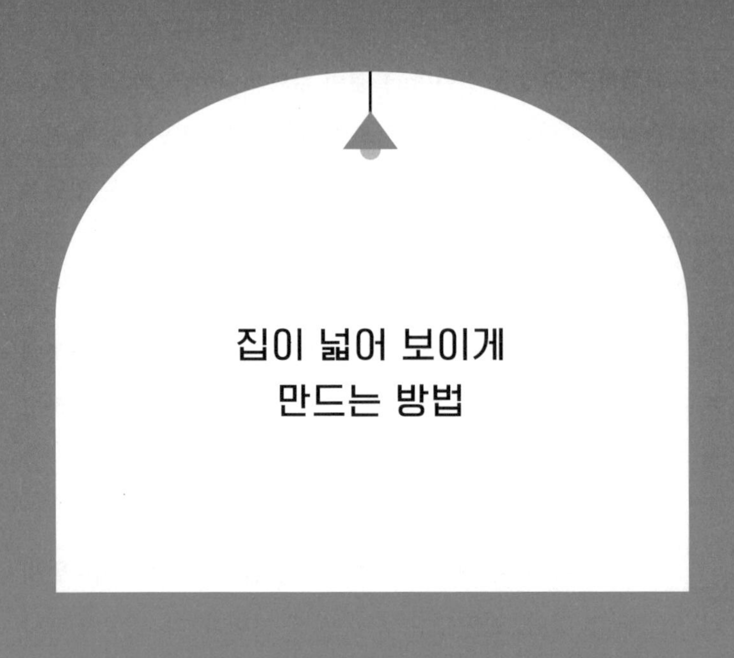

집이 넓어 보이게 만드는 방법

SNS의 네모 세상 속에서 '저 집이 미니멀라이프를 오랫동안 실천하는 집'이라는 소문을 마주한 사람들은 언제나 질문을 던진다.

"미니멀라이프를 하면 좁은 집도 넓어질 수 있을까요?"

열에 아홉은 하소연이 섞인 질문을 한다. 짐은 너무 많고, 집은 자꾸만 좁아지며 매일매일 더 넓은 집으로 옮기고 싶지만 현실에

막혀 어떻게 하면 공간을 좀 더 넓게 쓸 수 있을지 방법을 찾고 싶다고 말이다.

그들이 지금 겪고 있는 고민들은 이미 미니멀라이프 이전의 내가 겪었던 고민이자 스트레스였다. 그래서 나는 가장 기본적인 대답인 '불필요한 물건을 우선 비워 보세요'라고 한다. 누구나 할 수 있는 너무나 틀에 박힌 정답이라고 생각할 수도 있지만 무엇보다 가장 먼저 우선되어야 하는 제 1의 원칙이다.

물론 '국룰'처럼 생각되는 작은 집을 넓게 보이게 만드는 무채색 계열의 가구와 온통 '하얀' 집을 상상할 수 있다. 나 역시도 한때 작은 집이 싫어 공간을 넓어 보이게 만드는 인테리어템을 검색하고, 가구를 들였으며 꽃무늬 벽지를 가리고자 흰색 시트지도 붙여봤다.

하지만 그게 전부는 아니었다. 같은 화이트 하우스에 무채색 계열의 낮고 작은 가구를 배치했는데, 왜 우리집은 여전히 좁아 보이는 것인지가 늘 고민이었다.

우리집이 넓어 보이지 않았던 이유는 불필요한 것들이 너무 많다는 것이었다. 애써 만들어 놓은 화이트 하우스의 흰 벽에 크기가 다양한 선반을 달아 장식품을 놓았고, 낮은 소파 옆 빈 공간에는 안락의자와 빨간색 스탠드를 놓았다.

딱히 편리함을 줄 것 같지도 필요하지도 않았지만, 지금 내 눈에 싸고 예뻐서, 지금이 아니면 이 가격에 살 수 없으니깐, 사 두면 언젠가 쓸 것 같아서 들인 살림템들이 자꾸만 늘어나면서 안 그래도 좁고 어수선한 공간을, 내가 들인 물건으로 좁고 정신없게 만들게 된 것이다.

천덕꾸러기가 된 공간과 물건을 두고 볼 수가 없었고 틈만 나면 '넓은 집' 이사병이 도져서 어떻게든 내가 병들게 한 공간을 넓게 쓸 수 있는 방법을 모색해야만 했다.

○ 첫째, 쓰레기를 비우자

신기하게도 열이면 열 모두가 정리가 안 되는 이유를 작은 집에서 찾는다. 정리할 공간이 부족하니 늘 넓은 집을 동경하며 보다 큰 집으로 이사를 하곤 한다. 집이 넓으면 정리할 공간도 많아지는 것이 사실이다.

하지만 넓은 집에 산다고 모든 사람들이 정리를 잘하며 각각의 공간을 넓게 활용하고 있는지는 한번 생각해 보자. 정말 큰 집으로 이사를 가서 문제가 해결이 되었는지도 생각해 볼 필요가 있다. 첫 신혼집인 20평의 집에서 늘어난 짐과 가족의 구성원에 맞춰 28평으로, 또다시 30평대의 집으로 이사를 갔지만, 짐은 계속 늘었고 생각처럼 수납도 되지 않았다. 조금은 위험했던 그때, 미니멀라이프를 만나면서 우리집의 근원적인 문제는 쓰레기를 제때 비우지 않았다는 사실을 인식하고, 쓰레기를 하나둘씩 꺼내 비우기 시작하면서 공간이 보였다. 덕분에 '공간'이 문제의 해답을 얻었다.

나는 지금도 제때 비워져야 할 쓰레기만 비우며 산다. 그런데도 우리집은 같은 평수에 사는 집보다 훨씬 넓어 보인다. 더 이상 큰 집을 갈망하지 않는다.

○ 둘째, 가구 위 물건을 최소화 하거나 아예 두지 말자

'미니멀라이프' 프로젝트를 운영하면서 프로젝트 멤버들에게 '한 달 동안 가구 위 물건을 두지 말기'라는 미션을 내어 주면서 이곳만큼은 '절대 사수'라는 원칙으로 실천하자고 제안한다. 그럴 때마다 우리집은 절대 안 될 거라며 시작도 전에 포기했던 사람들도 하루 이틀만에 '이게 되네요'라며 신기해했고, 한 달이 지난 후에는 입을 모아 말했다.

"가구 위 물건 두지 않기에 신경을 쓰다 보니 정말 그렇게 되더라구요. 여태껏 의식도 못한 채 당연하게 물건을 내어놓고 있었어요. 물건이 안에 들어가 있으면 불편하다는 생각에 자꾸 밖에 꺼내 두었는데, 오히려 가구 위 물건이 사라지니 시야가 뻥 뚫려서 집이 넓어지고 불편하게 여겼던 생활이 편해졌어요."

우리는 '모태 미니멀리스트'가 아니다. 처음부터 집안에 있는 모든 가구 위를 비우거나 최소화 할 순 없다. 대신 본인이 정한 가구 위, 기간을 정해 '물건 두지 않기' 미션을 하나하나 클리어 한 뒤

느끼는 쾌감은 경험하지 않고는 모른다. 좁은 집은 넓게, 넓은 집은 더 넓게 사용할 수 있는 마법 같은 방법이다.

○ 셋째, 빈 벽을 드러내자

미니멀리스트 이전에 살던 집의 벽을 떠올리면 빈 벽이 뭔가 싶다. 당시 우리집에 빈 벽이 있었나 싶을 만큼 나에게 빈 벽은 허공이었다. 결혼 전 나의 방 벽은 브로마이드, 달력, 액자, 엽서로 도배를 했고, 결혼 후 신혼집의 벽에는 책장, 인테리어 소품, 웨딩 액자, 성장 액자, 장난감으로 도배를 했다.

소중하다 생각되는 모든 것들은 무조건 벽에 붙여 놓고 봐야 한다고 생각했다. 소중하기 때문에 꺼내서 자주 봐야 한다고 생각했고 이왕이면 늘 눈에 담아두고자 했다. 특히 소중한 물건은 '특별관리'로 분류만 해둔 채 먼지가 쌓여 갔다.

신경 쓰고 관리할 것들이 많아서 지쳤는 데도, 나에게 소중한 의미가 있다는 이유로 미련을 버리지 못했다. 벽은 점점 더 채워졌고, 집은 더욱더 좁아졌다. 결국 어쩔 수 없이 벽의 책장을 하나둘 비워내면서 빈 벽의 안정감을 처음으로 느꼈다.

고작 책장 하나 비운 것뿐인데 '빈' 공간이 주는 안정감을 느낀 것이다. 액자, 소품의 자리를 수납장으로 옮기고 벽에 걸린 모든 것들이 비워진 순간 헛헛함 대신 안정감이 채워졌다. 눈앞에서 사라지는 것이 두려워 꾸역꾸역 바깥으로 꺼내 두고 싶었는데, 내 눈앞에서 사라졌는 데도 아무렇지 않은 나의 '심리'가 다소 생소했다.

"이게 나에게 뭐라고 못 놓고 살았을까?"

벽을 채우고 있던 물건이 걷혀진 뒤 자연스러운 빈 벽은 집을 더 넓어 보이게 만들었다. 그러면서 절대 비우지 못할 물건들은 없다는 것을 깨닫게 되었다. 그 덕분에 먼지만 수북이 내려앉아 천덕

꾸러기 취급을 받던 웨딩 액자 네 개도 남편과 상의하여 비웠다. 소중한 추억의 물건이 내 눈앞에서, 우리집 공간에서는 사라졌지만 언제든 꺼내 볼 수 있는 사진첩에 채웠고, 기억을 공유하는 남편이 있기에 가능한 일이었다.

○ 넷째, 바닥에 물건을 두지 말자

우리집 바닥에 둔 가구, 물건들은 과연 제 기능을 하고 있을까? 내가 생각하는 물건의 기능은 나의 생활에 불편함을 주는지아닌지를 가늠하는 척도이다. 예쁘다고 들인 무언가 혹은 남들도 다 갖고 있다는 '그것'이 바닥을 점령하고 있지는 않는지 객관적으로 들여다 볼 필요가 있다.

우리집에는 협탁, 조화, 대형 화분, 거실장, 안락의자, 원목 삼단 수납장, 베이비장, 그릇 진열장, 청소기 보관함, 재활용 수거함, 원목 테이블, 간이 행거, 플라스틱 서랍장이 쓸데없이 바닥을 차지하고 있었다. 공간을 잡아먹는 것도 문제였지만, 그 물건들이 제대로 관리도 되지 않았다.

필요템이라 여기던 것들은 결국 나의 욕구템이었다는 것을 인식한 뒤에야 하나둘씩 바닥을 벗어났고, 비우면 비울수록 집은 공

간을 얻었고, 나는 쉼을 얻었다.

집을 넓게 만드는 방법을 우리는 이미 알고 있다. 결국 나의 생각이 바뀌고 습관이 변하면 가능한 일이다.

절대적으로 작은 집이지만 더 넓어 보이는 집에 사는 사람들은 매일 비움과 정리정돈이 동반된 공간에서 살아가는 사람이다. 그들은 어떠한 공간을 마주하여도, 최소한의 살림살이로도 만족감을 느끼며 산다.

그래서 그들에게 집은 아무 문제가 되지 않고 실패 없는 공간을 만들며 산다. 때때로 필요에 따라 공간을 구성하고 가구를 재배치할 때도 물건보다 사람이 반짝이며 언제나 사람이 먼저인 공간을 만들며 살아갈 줄 안다.

누구나 가능하다. 못해서 안 하는 것이 아니다. 그저 생각과 습관의 작은 변화면 충분하다. 그럼에도 '넓은 집'이 정답이라고 생각된다면, 지금 당장 책을 덮고 사용하지도 않는 물건을 큰 집에 보관하는 이용료로 쓸 대출을 받으시길… 선택은 당신의 몫이다.

예쁜 집이
인생의 전부인가요?

'예쁨'에 강박이 있었던 것일까? 나는 살아가는 공간을 정리 정돈하고 청소하는 것보다 비주얼에 중점을 두어 어떻게 하면 공간을 예쁘게 꾸미면서 살 수 있을지를 고민했다. 어렸을 때부터 방 꾸미기에 관심이 많았지만 꾸밈에 별다른 지식이 없는 사람이 꾸미는 공간은 불 보듯 뻔했다.

취향이 없다 보니 그저 사람들이 예쁘다고 하거나 유행한다는 것을 죄다 사 모아 빈 곳이란 빈 곳은 다 채우고서는 '나도 예쁜 공간을 꾸밀 줄 아는 사람'이라고 꽤나 우쭐했다. 신혼집을 꾸밀 때도 '예쁜 신혼집'을 검색해서 나온 집의 공통점을 찾아 꾸몄다.

20평의 작은 집이라도 거실 소파가 있어야 예쁜 인테리어를 완성할 수 있기 때문에 두 번 생각하지 않고 가격이 적당한 3인용 소파를 들였고, 그 옆에는 안락한 공간의 대표템인 흔들의자를 두었다. 소파 앞의 자그마한 테이블, 그 위에 액자, 디퓨져, 인테리어 소품을 두어 예쁜 신혼집으로 검색된 그들과 똑같은 모습으로 만들었다. 소파 뒤 허전한 벽면에는 웨딩 액자를 걸고, 아기자기한 데코 스티커를 붙여 누가 봐도 알콩달콩 깨소금이 쏟아지는 신혼집의 로망을 실현했다.

하지만 우리 부부는 소파 위에 앉는 것보다 등을 기대고 바닥에 앉아 생활하는 것을 즐겼다. 그럼에도 소파 위가 허전하다는 생각에 계절이 바뀌면 국민 소파 쿠션을 사서 채웠다. 지금 생각해 보면 소파에 드러눕기 좋아하는 남편은 쿠션이 올려져 있는 소파가 불편해서 어쩔 수 없이 등을 기대었던 것은 아닐까 싶다.

소파 옆 안락의자는 보기에만 예쁜 살림이었다. 안락의자는 그 당시 우리집 거실을 예쁘게 만들어 주는 최고의 인테리어 소품이었다. 그러나 안락의자 위에 앉아 있으면 세상 불편함이 몸으로 고스란히 전해지는 듯했다. 너무 저렴한 의자라 불편한가 싶어 고급 의자를 검색해 보기도 했다.

언젠가 고급 안락의자에 직접 앉아 볼 기회가 생겨 앉아 보았는데, 나는 고급 의자의 안락함을 받아들일 만한 체형이 아니었다. 결국 안락의자는 사람이 아닌 집 먼지와 사용하지 않는 물건의 차지가 되었다.

소파 앞에 두었던 테이블도 사진을 찍을 때는 예뻐 보였지만, 평소 조심성이 없는 나에게는 틈만 나면 부딪히는 예쁜 둔기일 뿐이었다.

내가 들인 살림살이가 나와 가족을 불편하고 위험하게 만든다는 생각이 들었지만 '예쁜 집'은 포기가 되지 않았다. 여전히 예쁜 집에서 살고 있는 사람으로 비추어지고 싶었으니까. 그럴수록 위험한 물건은 한 켠으로 미뤄두고 덜 위험한 물건을 다시 사서 채웠다. 그렇게 우리집은 답답하고 위험해졌다.

그러다 큰딸이 걸음마를 위해 가구를 짚고 일어설 때 우리집에 위험한 물건이 많다는 것을 실감했다. 엄마가 되고 나서야 내가 들인 물건을 조금은 제대로 바라보게 된 것이다.

액자와 디퓨저, 소품을 한곳에 모아 정리했고 테이블은 중고 판매를 했다. 안락의자는 평소 허리가 불편하셨던 친정아빠께 나눔 했는데, 지금까지도 잘 사용하고 계시는 아빠의 애정템이 되었다.

인테리어 소품도 관리가 힘들다는 이유로 지인에게 나눔 했다. 거실 테이블, 인테리어 소품, 안락의자만 빠졌는 데도 집이 홀가분해짐을 느꼈다. 아이를 키우면서 노심초사해야 했던 조바심도 덜어졌다.

그동안 가지고 있던 예쁜 집에 대한 생각이 아이를 위한 공간을 만들면서 달라졌지만, 예쁜 집에 대한 갈망이 줄어들지는 않았다. 위험한 가구를 들이지 않았다는 것만 달라졌을 뿐 여전히 육아와 살림의 유일한 보상으로 또 다른 인테리어 소품은 끊임없이 쌓였다.

그러다 둘째를 임신하고 호르몬의 변화 때문인지 유일한 위로이자 보상인 인테리어 소품이 나를 힘들게 만드는 존재로 다가왔다.

엄마로 살면서 나름 청결과 위생에는 신경을 많이 썼던 터라 쓸고 닦는 일에 대해선 누구보다 열심이었다. 그런데 배가 커지는 만큼 청소 부담감도 함께 부풀기 시작했다. 소품에 일일이 신경을 쓰며 청소를 할 여력이 부족했다.

결국 나의 관리 대상이었던 인테리어 소품을 비웠다. 그리고 쉼을 찾았다. 없어야 편한 사람이라는 것을 스스로 느끼고는 지금까지 내가 사들인 인테리어 소품은 예쁜 집이 아니라 예쁜 쓰레기라는 것을 배웠다. 그렇게 인테리어 소품은 사지 않는 품목이 되었고 아무리 예쁜 물건을 보아도 흔들리지 않는다.

의자에 걸린 마른 행주, 벽에 걸린 달력, 테이블 위 주전자, 컵, 캔들, 찻잔, 아이들이 그린 작고 귀여운 그림, 햇살 그리고 바람, 무엇보다 소중한 가족의 웃음소리가 우리집을 따뜻하게 만든다.

끊임없이 불필요한 물건을 비우면서 공간을 만들다 보니 남아

있는 모든 물건 하나하나가 우리집을 빛나게 만든다. 이제는 안다. 특별한 물건이 아니라도 적재적소에서 공간을 채우는 모든 것들이 예쁘고 소중하다는 것을 말이다.

m i n i m a l

s u n n y

2장

비움에도 노하우가 있다

우리집이 달라지는 하루 10분 루틴

아침 6시, 아빠의 발걸음 알람 소리가 들린다.

"해 떴다, 일어나라!"

아빠의 알람 소리에 맞춰 생활하다 보니 나는 어느새 철저한 아침형 인간으로 자라왔다. 부모님 품에서 아침형 인간으로 살아왔지만, 이불에서 몸만 빠져나와 엄마가 준비한 아침을 먹고 반쯤

감긴 눈으로 고양이 세수와 양치를 한 뒤 등교 준비를 하고 집을 빠져나왔다.

일찍 일어나기에 부지런하다는 말을 자주 들었지만 그냥 일찍만 일어나는 인간이어서 딱히 긍정도 부정도 하지 못했다. 그렇다. 나는 일찍 일어나서 생산적인 일을 하기는커녕 먹고 자고 쉬기가 전부였던 무늬만 아침형 인간이었다.

그런 내가 결혼과 출산을 하면서부터는 오랫동안 유지해왔던 아침형 인간이 될 수 없었다. 특히나 아이를 돌보다 보면 오늘이 몇 월인지, 시간은 몇 시 몇 분인지도 모를 정도로 몸과 마음에 여유가 없던 때라 살림도 일상도 순식간에 엉망이 되어 버렸다.

밤낮 구분 없이 아이에게 젖을 물리며 잠들 때가 대부분이고, 하루가 어떻게 흘러가지는도 모를 만큼 내 모습도 집도 엉망이었다. 그래도 아이와 함께 하는 집이니 기본적인 집안일은 하고 살아야겠다 싶어 무너진 하루를 바로 세워 보려 애썼다.

아이를 재운 뒤 물에 밥을 말아서 스피드하게 먹고 집안일을 시작했다. 밀린 설거지, 쌓여 있는 빨랫감들, 현관에 쌓인 택배 박스들, 바닥에 널린 아이 기저귀들이 지금 나의 모습 같아 눈물을 훔치며 겨우 버텼다. 아이가 성장하면서 어느 정도 혼자 노는 시간이 생기니 겨우 겨우 버텨냈던 살림이 활력을 찾게 되었다.

다시 아침형 인간이 되어 아이가 깨기 전에 전날 하지 못했던 집안일을 처리했다. 계획적으로 움직이는 스타일은 아니라 의식의 흐름대로 눈에 보이는 집안일이 끝나면 육아에 전념했다.

몇 년 동안 집안일을 하면서 집을 어수선하게 만드는 원인은 물건보다 우리 가족들이 무심결에 하고 있는 생활 습관 때문이기도 했다. 무의식이 공간을 병들게 한다는 것은 그간의 살림 생활 습관을 되돌아보며 느꼈다.

불필요한 물건을 쌓아두는 습관이나 사용한 물건을 제자리에 두지 않는 습관, 외출 후 옷을 옷걸이에 걸어 두지 않고 식탁 의자나 소파에 툭툭 던져 놓는 습관, 빨래 개기가 귀찮으니 바닥에 두고 입을 때마다 옷 무덤에서 꺼내 입는 습관, 현관에 쌓인 정리되지 않은 택배 박스, 발 디딜 틈 없는 현관의 많은 신발이나 먼지를 정리하지 않는 습관, 수건을 바르게 펴놓지 않는 습관, 화장실의 제자리를 잃은 물건들(치실, 칫솔, 치약, 가글, 폼클렌징, 샴푸, 린스), 화장실 수채 구멍에 쌓인 각종 오물, 떨어진 머리카락을 바로 줍지 않는 습관, 가득 찬 쓰레기통, 공간을 생각하지 않고 사재기한 물건 등.

무심결에 지나치고 미뤘던 습관이 우리집을 병들게 만드는 주범이었다. 무의식의 습관을 바꿔야 집이 달라질 수 있다는 것을 느꼈을 때가 바로 미니멀라이프를 실천하려던 그때였다.

익숙하지 않은 정리로 멘붕이 오기도 했지만, 그래도 변하려는 마음이 생기니 몸이 움직였다. 가장 먼저 쓰레기로 가득 찬 휴지통부터 제때 비우고 나니 집이 더 청결해지고 가벼워졌다.

그렇게 100일 가까이 쓰레기통에 들어가도 미련이 남지 않을 살림을 비워나가기 시작했다. 물건 욕심이 많은 편이라 비움과 정리도 스몰 스텝으로 천천히 해나갔다.

'하루 10분, 한 공간 정리하기'

서랍 한 칸, 팬트리 한 칸, 책장 한 칸, 싱크대 하부장 한 칸, 냉장고 한 칸 등을 정해 비우고 정리했더니 공간이 달라지면서 정리와 청소에 대한 스트레스로부터 가벼워질 수 있었다.

성취감까지 느끼게 만든 변화된 그 공간을 나만 보기 아까워 사진으로 담아 SNS에 기록했더니 나와 함께 '하루 10분, 한 공간 정리'에 동참해 주는 사람들이 생기면서 책임감까지 더해져 최선을 다해 비우고 정리했다.

무심결에 물건을 쌓아 두고 치우지 않는 습관을 고치려고 주방 식탁 위부터 물건을 두지 않으려고 애썼다. 식탁 위에 놓아둔 각종 고지서, 영양제, 굴러다니는 메모와 펜이 한 달 넘게 나의 기억에서 잊힌 채 쌓이고 쌓였다. 메모의 내용도 잊은 지 오래다. 식탁 위 쌓인 물건이 보기에 불편했을 뿐 생활에는 불편이 없어서 정리하고 비우지 못했다. 그래서 독하게 마음먹고 식탁 위에 물건을 올리지 말자고 다짐했고 이제는 우리 가족의 사랑의 공간이 되었다.

'식탁 위 물건 올려 두지 않기'가 성공을 거두니 자연스레 좋은 습관이 쌓여 다른 가구도 새 생명을 얻었다. '가구 위 물건 올려 두지 않기'만으로도 집안이 달라짐을 느낀 것은 나와 비움을 함께 했던 지인들도 모두 체감했던 습관 중 하나다.

풍수 인테리어에서 말하기를 현관이 깨끗하면 복이 들어온다는 이야기를 귀에 딱지가 붙을 만큼 자주 들었다. 그럼에도 우리집의 정리되지 않은 현관과 방치된 신발을 보면서도 불편함을 느끼지 못했다. 그런데 어느 날 아이가 기어 다니기 시작하면서 현관의 신발을 입에 무는 것을 보고 그때서야 충격을 받아 신발을 분류하고 택배 박스를 정리하며 먼지를 청소했다. 아이 때문에 '울며 겨자 먹기'로 매일매일 현관 바닥을 닦았다. 매일 현관 바닥을 닦고 물건을 정리하는 습관도 100일 가까이 지속하다 보니 습관으로 자리 잡았고 정말로 복이 들어왔다. 첫아이를 출산하고 5년이 되던 해 우리집에 두 번째 천사가 찾아 온 것이다. 그래서 아이를 갖고 싶은 부부에게 농담 반 진담 반으로 현관을 매일 쓸고 닦으라고 한다.

화장실의 구겨 있는 수건을 바라보는 시선도 생활도 불편함이 없었다. 불편함과 더러움, 어수선함에 익숙해지면서 당연하게 받아들인다는 사실이 무서워졌다. 그래서 화장실 모습을 변화시킬 루틴을 정하였다.

손을 씻고 닦고 난 다음 수건을 바르게 펴 놓고, 물기가 마를 일 없었던 욕실화도 사용한 뒤에 세워 두었으며 수전 위 물건은 의식적으로 꺼내지 않았고 사용한 뒤에는 물기를 바짝 말린 뒤 수납장 안으로 넣었다. 그것만으로도 화장실의 애프터 모습이 확연히 변하면서 지금은 문을 여는 순간 뽀송하게 마른 수건과 물기 없이 깨끗한 수전과 수채 구멍, 왠지 좋은 냄새가 뿜어져 나오는 듯한 매력적인 공간이 되었다.

습관으로 공간을 바꾼다는 것은 쉬운 일이 아니었다. 특히나 시간 확보가 우선순위였던 내겐 굉장히 힘들었다. 처음 나의 습관만으로도 바뀌는 공간을 보고 하루 종일 매달려 불필요한 물건을 비우고 쓸고 닦으며, 위안을 받기도 하고 과부화가 걸린 적도 많았다. 하지만 여기서 멈출 수가 없었다. 나는 이미 좋은 습관이 쌓이면 집이 달라지는 경험을 체험했기 때문이었다.

깨끗하고 단정한 공간에서 살고 싶지만 그렇다고 하루 종일 청소, 정리만 하고 살 수 없기에 정리와 청소에 걸리는 시간을 대폭 줄이기로 하고 휴대폰 타이머 10분을 맞춘 뒤 알람이 울리기 직전까지 정리정돈과 청소를 마무리하기로 했다. 일머리도 손도 느린 나에게 타이머 10분 알람이 울리기까지 할 수 있었던 일은 얼마 되지 않았지만, 10분 동안 집을 위해서 할 수 있는 노력에 성취감을 느끼며 이 노력이 쌓이면 10분 안에 모든 것을 클리어 할 수 있겠다 싶었다.

큰 노력 없이도 단정한 집을 만들기 위해 1년 동안 '10분 청소법'을 지속하며 더더욱 편해지려고 애썼다. '매일 10분 동안 한 공간 청소, 비움, 정리' 루틴을 실행하니 정말 10분도 안 걸리는 집이 되었다.

집을 변화시키기 위해 꼭 그렇게까지 수고를 들여야 하는지를 묻는 사람들에게

"집을 위해 좋은 습관을 들인다 생각하면 포기하고 싶을 거예요. 하지만 단정한 공간을 만들고 청소하기 쉬운 집을 만드는 것은 결국 나를 위하는 일이고 나와 함께 살고 있는 가족을 위해 할 수 있는 최소한의 애정 표현이라 생각해 보세요. 당신과 당신의 가족을 사랑한다면 더도 말고 덜도 말고 하루 10분 비움과 정리 루틴을 만들어서 움직여 보길 바랍니다."

미니멀리스트도
이 물건은 산다

어쩌다보니 미니멀리스트라고 불리고 있지만 비움 생활을 지속하고 있는 6년 동안 매일 비워야 할 물건이 생겨나는 것처럼 자의든 타의든 필요한 물건이 생긴다.

물건 앞에서 별 고민 없이 구매했던 때와 달리 이제는 오랜 시간에 걸쳐 필요의 유무를 구분한 뒤 구매를 결정한다. 그렇게 선택된 물건은 나를 돕고 보고만 있어도 위로가 되어 준다.

최소한의 삶을 지향하며 지내면서 공간이나 물건의 소유에 제한을 두고 있지만 언제나 나를 돕는 살림살이가 생긴다면 구매를 망설이지 않을 것이며 나를 위로하는 물건이 생긴다면 그것 역시 망설이지 않을 것이다.

○ 건조기

“미니멀라이프를 한다면서 건조기가 왜 필요하죠?”

아이를 키우고 살림을 사는 내게는 시간 확보가 가장 필요했다. 멀티가 불가능한 내게 매일 해야 하는 집안일은 부담이 되는 존재였다. 그중에서 세탁이 다 된 빨래를 꺼내 바로 털어 너는 일을 까마득하게 잊어버리는 날이 잦았다. 잊어버려 지나간 살림 습관 앞에서 그저 나의 게으름을 탓했고 외면했다. 가끔은 방치 하는 날도 있었다.

이런 나와 달리 오랜 자취생활로 살림 경험이 많았던 남편은 빨래에서 만큼은 진심이었다. 그런데 오랜 시간 방치되는 세탁기 속 빨래를 보면서 도저히 안 되겠다 싶었는지 자신의 비염을 이유로 건조기를 사자는 남편의 제안에 망설임 없이 건조기를 들인 후

삶의 질이 수직 상승했다고 말할 정도로 만족감은 최고다. 옷의 수명이 단축되는 단점이 있기는 하지만 틈날 때마다 깜빡깜빡하며 게으른 나나 가족의 건강이 중요한 우리에게 꼭 필요한 살림이 건조기다.

"무인도에 가지고 가야 할 물건 한 개만 고른다면 무얼 가져가시겠습니까?"

"건조기입니다."

○ 싱크대 물막이 & 설거지 비누

설거지를 할 때마다 늘 옷이 흠뻑 젖기 일쑤다. 특히 배 쪽 부분이 흥건하게 젖어 있으면 남편은 내가 '뱃살 참치'라 어쩔 수 없는 거라면서 놀려댔지만, 배 쪽 부분이 늘 젖어 있어 불편한 게 이만저만이 아니었다. 설거지를 할 때마다 옷을 갈아입어야 했으니 말이다. 싱크대 물막이를 사용하면 옷이며 바닥에 물이 튀지 않는다고 사용을 추천하기에 실리콘으로 된 물막이를 사용 중인데, 진작 사용하지 못한 것이 아쉬울 정도로 나뿐만 아니라 사용해본 사람들은 누구나 엄지 척을 세우며, 200%의 만족도를 자랑한다.

그뿐만 아니라 지구를 위해, 나와 내 가족을 위해 주방 세제의 사용을 줄이고 설거지 비누를 사용하고자, 몇 개의 브랜드를 비교하여 쉽게 물러지지 않고 세정력이 좋은 비누도 사용하고 있다.

○ 마마포레스트 클린 파우더

기름 때, 텀블러, 배수구 청소를 하는데 파우더 가루를 톡톡 뿌려 준 뒤 뜨거운 물만 붓고 기다리기만 하면 세척이 되는 편리함의 끝판왕이다. 성분도 착하고 무엇보다 편한 살림을 할 수 있어서 귀차니스트인 내게 안성맞춤인 살림이다.

○ 문소리 방지 스티커

'탁! 탁!' 싱크대 문이 닫힐 때면 유독 크게 들리는 소리에 깜짝깜짝 놀랐던 적이 많았다. 너무 예민한 걸까, 무던하게 받아들여도 될 소리였지만 불편한 점이 이만저만이 아니었다. 낮잠을 자는 아이와 남편이 잠에서 깰 정도였고, 문을 닫을 때마다 이렇게 까지 조바심을 내면서 눈치를 봐야 하는 건가 싶어 구매했다. 문소리 방지 스티커를 붙인 뒤 우리 가족은 소음에서 벗어났고 평화를 되찾았다.

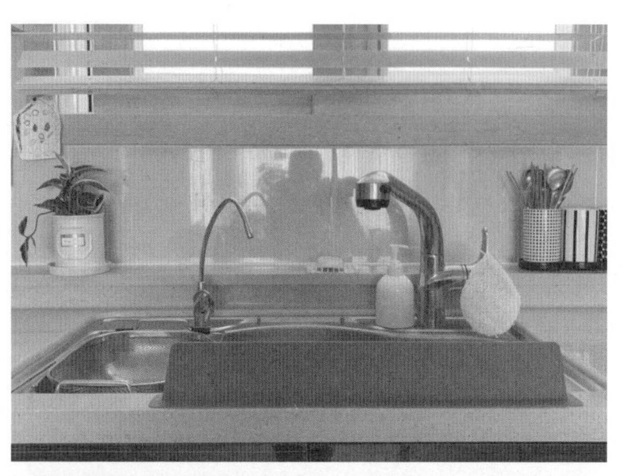

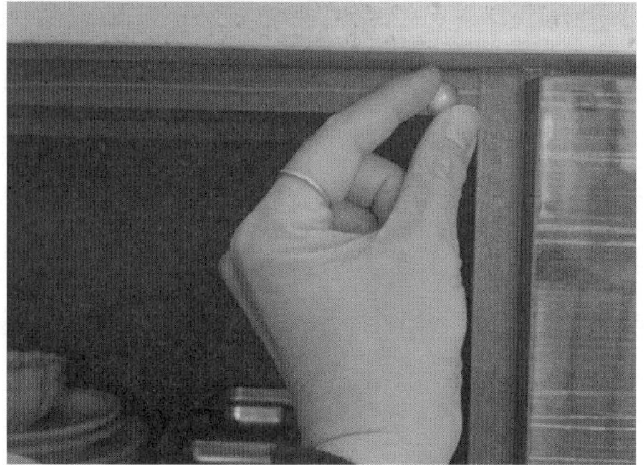

○ 건전지 잔량 테스트기

아이를 키우는 집이라 건전지가 필요한 장난감도 많고 리모컨이나 전자제품에 들어가는 경우가 많아 장바구니에 한두 개씩 덤으로 끼워 넣는 살림살이가 건전지다. 새 건전지를 따로 모아 놓은 수납함이 있는데 필요할 때 꺼내 쓰려고 하면 꼭 다 쓴 건전지를 집어 드는 경우가 잦았다. 분명 분류를 해 놓았다 생각했는데 끼워서 다시 확인하고 잔량이 남아 있는 것이 한 개인지 두 개인지 헷갈릴 때가 많았다. 잔량을 확인할 길이 없고 이거 끼웠다 저거 갈아 끼웠다 하는 것도 귀찮아 새 건전지를 뜯어 쓰곤 했다.

그러던 중에 SNS에서 발견한 '건전지 잔량 테스트기'를 보며 무릎을 쳤다. 건전지를 테스터에 꽂으면 남아 있는 잔량에 따라 바늘이 움직이는데 그걸 확인하고 재사용할 수 있는 건전지를 한데 모아 끝까지 사용할 수 있게 도왔다. 건전지 보관함에 테스터기를 넣어 둘 만큼 보관도 용이하고 가격도 착해서 나를 돕는 살림살이가 되었다.

○ 캔들 워머

공간에 향기 채우길 즐겨 했던 나여서 꽤 오랫동안 캔들을 구매해 집안 곳곳 좋은 향을 입혔다. 임신과 출산 후 육아를 할 때만 제외하고 지금도 캔들은 나를 위로해 주는 살림 중에 하나다. 시중에 판매되는 캔들은 향이 너무 세고 비싸기도 해서 좋아하는 향의 캔들을 직접 만들어 쓰면서 높은 만족감을 주는 캔들 만들기는 나의 새로운 취미생활이 되었다.

하지만 심지를 연소할 때 발생하는 그을음이 몸에 좋지 않다고 들어서 무엇으로 이 불편함을 해결할 수 있을까 고민하고 있을 때 캔들 워머를 추천받았다. 캔들 워머의 조명이 왁스를 녹이면서 그을음 발생이 적고 캔들도 오래 사용할 수 있다는 말에, 나의 취향이 담뿍 담긴 캔들 워머를 들여 긴 시간동안 잘 사용하고 있다.

○ 골전도 이어폰

어렸을 때부터 음악을 크게 틀어 놓고 듣는 것을 좋아하며 춤추는 것을 좋아해서 아이를 키울 때도 동요보다 내가 좋아하는 음악을 틀어 놓았다. 종일 가요를 틀어 놓고 살 만큼 음악은 내게 스트레스 해소제였다. 그런데 아이들이 늘 불러대는 '엄마'라는 단어, 시시때때로 싸워대는 아이들의 싸움 소리 때문에 음악을 듣는

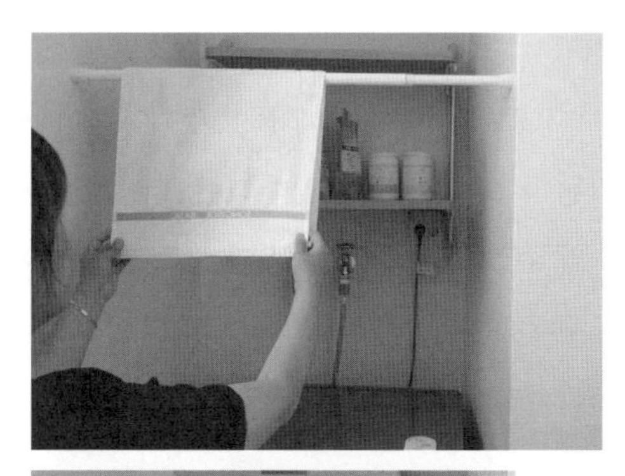

다는 것은 사치였다.

그러다 보니 쌓이는 화를 제때 풀어 주지 못해 예민해질 수밖에 없었고 나는 어느새 '엄마는 악마'라는 별명을 얻을 정도였다. 그래서 귀에 걸 수 있고 분실 위험이 적은 '골전도 이어폰'을 남편의 추천으로 구매했는데, 내가 듣고 싶은 음악이나 강의를 들으면서 아이의 소리까지 들리기 때문에 그나마 숨통이 조금 트이면서 안정을 찾았다.

○ 나눔 정리함

수납에 필요한 정리함은 웬만해선 구매를 하지 않는데, 이사를 하면서 평소 친하게 지내는 지인에게 이사 선물을 받게 되었는데 바로 나눔 정리함이었다. 어떤 공간에서 어떻게 사용할까를 고민하다가 라면, 영양제, 참치, 간장, 올리고당 등의 상온 식재료를 담는 싱크대 수납함으로 사용하고 있는데, 정리 유지가 굉장히 잘되는 장점 때문에 냉동실에서, 팬트리에서 적재적소에 쓰이고 있다. 열 명에 열은 만족한다고 한다.

○ **압축봉**

압축봉은 단순히 커튼 봉이라고만 생각했는데, 의외로 다양한 곳에서 활용할 수 있다. 우리집은 첫 압축봉의 사용을 세탁실에서 젖은 수건을 말리는 기능으로 활용했다. 압축봉은 공간 활용 면에서 굉장히 뛰어나며 길이와 두께도 다양하고 길이를 자유자재로 조절할 수가 있고 생각보다 튼튼해서 오래 사용할 수 있다. 지금 우리집에서는 압축봉을 키친 타올 걸이로 서랍에 넣어 사용하는데 굉장히 편리하다. 다른 집에서는 압축봉으로 서랍 칸막이를 만들어 공간을 활용하면서 살림 고수의 아이디어를 뽐내고 있는데, 압축봉의 사용은 생각보다 다양한 활용이 가능해서 필수템으로 꼽히기도 한다.

미니멀라이프를 지향하지만 필요한 물건이 있어도 미니멀라이프를 하는 사람이니까, 무조건 사지 않고 물건 없이 사는 삶은 내가 원하는 삶이 아니다. 나는 물건 없이 살 수 있는 사람이 아니라는 것을 이미 나를 돕는 살림살이를 사용하면서 확실히 알게 되었다. 앞으로도 내 생활에 필요한 물건이 생겨날 것이다. 그럴 때면 물건과 나 사이에 적당한 거리두기를 할 생각이다. 그러고 나서 필요의 유무를 확인한 뒤 나를 돕고 나를 위로해 주는 물건이라면 구매를 망설이지 않을 것이다.

수납 정리 도구가 정답인가요?

당신의 정리력을 높여주고 공간에 따뜻함을 더해 주는 수납 바구니를 찾고 있나요?

나는 무수히 쏟아지는 대기업의 상술에 팔랑 귀를 펄럭이며 늘 속아 주문하고 또 주문을 했다.

"그래, 우리집이 정리가 안 되는 것은 수납 도구를 잘못 선택해서 그런 걸 거야. 안 예쁜 것도 물건을 보관해 둔 살림템이 문제였어… 패브릭 바구니만 있으면 정리정돈은 물론 따뜻한 갬성을 머금은 공간을 만든다 이거지? 그래, 이번이 마지막이다. 진짜…"

새로운 수납용품이 배송이 올 때면 집안에 있는 못생긴 바구니들 안에 들어 있는 물건이 이사를 가는 날이었다. 정리를 배워본 적도 없고 직접 해본 경험이 적다 보니 바구니별로 넣어 두어야 할 물건의 종류, 넣어 두어야 할 양, 동선 배치 따윈 무시하고 바구니의 비주얼에 홀려 그저 자리만 바꿨다. 새 용품에 기대했던 광고에 나왔던 '정리의 끝판왕, 갬성을 더해 준다'는 공간 연출은 번번히 실패였다.

더 이상 나의 돈과 시간을 낭비하지 않겠다고 결심했지만 주문과 실망을 반복했다. 내 머릿속의 정리와 수납의 개념은 편리한 생활이 아닌 어떤 수납용품에 어떤 물건을 넣으면 공간이 아름다워질까에 집중했던 것이다. 훌륭한 수납과 정리에 있어서 조건을 붙였던 것은 '비주얼의 완성'이었다.

비주얼을 망가뜨리는 수납은 용납할 수가 없어서 바구니에 더 이상 들어갈 공간이 없을 때마다 '그래, 잠시 여기에 두는 거야.

나중에 여분의 바구니가 생기면 다시 넣으면 되지'라며 빈 공간이 보일 때마다 '잠시 보관'을 해 두었다. '한두 개는 괜찮겠지, 이번 한두 번은 괜찮겠지' 하고 잠시 보관해 두었던 물건은 그 자리에 그대로 보관이 되었고, 한 번 찾거나 열어 보지 않은 채 방치되어 물건도 공간도 생명력을 잃어 가고 있었다. 결국 이사를 하면서 장기 투숙했던 물건들은 이삿짐 포장 이모님들 손에 발견되었지만 그대로 새로운 곳으로 자리를 옮겨 또다시 장기 투숙에 들어갔다.

보기 싫은 물건은 장기 투숙을 했기 때문에 비주얼적으로 훌륭한 공간이 완성되어 가는 듯했으나 문제는 또 다른 곳에서 도사리고 있었다. 모든 물건에 둥지를 만들어야 했던 나였기에 휴지 한 롤도 조건에 부합된 용품으로 찾아 구매를 한 뒤 정리하기 시작했다. 집들이 선물로 받은 휴지도 내 눈에 못난이로 발탁되면 장기 투숙 장소로 들어갔고, 예쁜 휴지로 간택된 아이들만 휴지 정리함으로 들어갔다. 휴지 정리함에 들어 있는 휴지들은 보고만 있어도 아름다웠고 내가 '정리왕'이 된 것 같은 착각에 빠트렸다.

하지만 생활은 불편함과 민망함의 연속이었다. 화장지 하나 꺼내려면 수납함 뚜껑을 열어 휴지를 꺼내야 했고, 빈 공간을 남기는 게 싫어 매번 휴지 봉지를 뜯어 새 휴지를 꺼내 수납함에 채워 넣어야 했다.

못생긴 화장실 수납장에 화장지를 넣을 순 없으니 뚜껑을 열고 새 휴지를 채우는 일이나 용변을 보고 난 뒤 뒤처리를 할 때 여분의 휴지가 없어서 팬티를 반쯤 걸친 뒤 휴지 수납함까지 냅다 달려가는 일도 예쁨과 아름다움을 위해 참을 만했다. 그러나 사람도 예쁘기만 하면 결국 질리기 마련이다. 편리함을 주지 못한 채 예쁘기만 한 수납용품이나 공간은 더 이상 매력적이지 않았다.

예쁨에 권태기를 느낀 나는 예쁨을 버리고 편리함과 사랑에 빠지기로 하였다. 편리함과 사랑에 빠지기 위해서는 새로운 아이템에 눈길을 주지 말아야 했고 이미 가지고 있는 것에 정을 붙이고 살아야 했다. 막상 정을 붙이려고 하니 예전의 것들이 새롭게 보였고 그 자리에서 오랫동안 사랑 받을 살림들을 분류하기 시작했다.

남길 물건과 비울 물건을 나누고 남길 것은 남겨둔 바구니에 넣어 수납했다. 물건의 수가 줄어드니 바구니 안에서 자리를 못 찾고 나뒹굴기 바빴던 살림이 제자리를 찾았고 그 위를 덮는 또 다른 물건도 감히 침범하지 못했다. 휴지 한 롤에도 둥지를 만들어 줬던 내가 휴지를 뜯기 전 담겨 있던 봉지 그대로 새로운 둥지로 지정했

고, 예쁘지 않으면 수납하지 않았던 화장실 수납장에 제대로 휴지를 정리하였다.

물건이 많아도 정리를 잘하는 사람이었다면 나는 여전히 새로운 수납용품들과 사랑에 빠져 있을지도 모른다. 하지만 물건 하나를 꺼내려면 바구니를 들어내야 했고, 물건을 제자리에 두지 않는 습관으로 집안에 있는 바구니 속 물건을 죄다 바닥에 쏟아 부어 진을 빼는 일이 비일비재했다. 내가 예상하지 못한 장소에서, 예상하지 못한 물건이, 예상하지 못한 양으로 만났을 때의 당혹스러움은 남편과 마트를 갔는데 옛 남친을 만난 기분과 같았다.

우연한 기회에 만난 미니멀라이프 덕에 물건과 공간에 대한 생각을 다시 할 수 있었고, 그러면서 수납과 정리에 진을 빼는 일이 없어졌다. 그리고 반드시 '새 수납 바구니'가 정답이 아니라는 사실도 깨달았다. 한때 정리 좀 해 보겠다고 세트와 컬러를 통일해야만 했었는데, 굳이 그렇게 '칼맞춤' 하지 않고 집안에 쌓인 박스로도 충분히 가능하다는 것을 알게 되었다.

음식물 쓰레기는 찌그러진 냄비에 담아 비운 뒤 깨끗이 씻어 재사용하고, 재활용 쓰레기도 종이가방이나 택배 박스에 담아 채워지면 바로 바로 가져다 비우는 습관을 들이고 있다. 10kg 쌀 포대는 반으로 접어 감자와 당근을 담아 놓는 용도로 쓰고, 빵을 담아 온 종이봉투는 깨끗하게 말려 커피 가루를 담아 냉장고에 넣어 방향제 주머니로 사용하고 있다.

드레스룸 선반의 가방은 쌓인 먼지를 볼 때마다 털고 관리해야 하는 시간이 아까워 캐리어 안에 가방을 수납했고, 캐리어 한 켠의 남는 자리에는 목 마사지 기계를 보관했다. 이걸 계기로 이불장 정리 시스템도 대대적으로 바꾸었는데, 여름용 얇은 이불들이 자리를 못 찾고 이리저리 돌아다녀 이불 하나 꺼내려고 하면 얇은 이불들이 같이 떨어졌다. 그걸 다시 주워 담아야 하는 불편함을 대신해서 베갯잎에 얇은 이불을 넣어 서랍에 보관했다. 차지하는 공간이 확실히 줄어 남는 서랍에 다른 물건을 수납하게 되었다.

있는 물건들을 새로 활용하면서 공간을 얻고 돈도 지켰다. 새로운 물건에 홀렸다가 곁에 남아 있는 살림의 새로운 활용을 보면서 물건과의 찐 사랑에 빠진다. 수납과 정리 방법을 모색하는 것은 개인 취향이 있다고 생각한다. 그러나 이왕이면 예쁘게 정리되어진 공간보다 편리한 생활을 지속할 수 있는 정리법을 선택했으면 한다. 예쁨과 아름다움 때문에 진정한 수납과 정리에 대한 의미를 외면했던 지난날의 '내'가 되지 않기를 바란다.

이것만 따라 하면 나도 정리왕

미니멀라이프를 실천한다고 소문을 좀 냈더니만 지인뿐만 아니라 SNS나 유튜브에서도 질문이 많은 편이다. 그중에서 가장 자주 하는 질문은 '어떻게 하면 그렇게 정리를 잘할 수 있어요?'다.

불과 몇 년 전 만 해도 내가 다른 이들에게 이 질문을 무수히 많이도 던졌는데, 세상 참 오래 살고 볼 일이다. 어렸을 때부터 정리와 청소를 엄마가 해주셔서 딱히 그것들을 해야 하는 이유를 몰랐고 관심이 없다 보니 어수선한 공간에 몸을 누여도 쿨하게 눈감을 수 있었다.

그런 내가 결혼을 하면서 살림을 살아야 했는데 나와 달리 부지런하고 깔끔한 성격의 남편을 만나 살다 보니 치우고 살아야 하는 이유가 생겼다. 정리정돈과 청소가 싫었던 나였지만 남편의 잔소리는 더 싫었던 터라 재주 없는 집안 살림을 어떻게든 살아 보려고 노력하던 때에 아이가 태어났다. 더 열심히 치우고 정리를 하면서 살아야 하는 이유가 배가 되었다. 여전히 살림은 부담스러운 존재였지만 지저분한 공간만큼은 만들지 말자 싶어 청소 하나는 열심히 하며 지냈다.

청소만 열심히 해서 문제였을까? 집은 여전히 어수선하고, 정신이 없었으며 정리되지 않은 공간을 마주할 때면 육아와 살림 스트레스가 극에 달했다. 정리 꽤나 한다는 사람들의 SNS에 나오는 사진과 글을 보면서 해결책을 찾아야겠다 싶어 용기를 내어 그들에게 "어떻게 하면 정리를 잘할 수 있나요?"라고 물었고 "수납 도구를 사세요"라는 대답을 받았다.

나는 정리가 잘 되어 있는 공간의 모습을 떠올리며 우리집 물건의 개수, 크기, 용도, 공간에 상관없이 수납 잘하는 집에 있다는 용품들을 죄다 사들였다.

하지만 그것들이 우리집에 들어오는 순간부터 재앙이 시작되었다. 찾기 쉽고 꺼내 쓰기 편한 정리가 아니라 물건이 어수선해 보이는 문제점만 해결되길 바랐기 때문이다. 수납함만 들이면 모든 문제가 해결될 거라 생각했지만 현실 공간은 너무나 암담했다. 그들이 추천한 수납함은 오히려 물건으로 터지기 일보 직전이었다. 도저히 해결이 안 되다 보니 또 다른 수납함, 가구를 사고 있었다.

수납용품의 선택 전에 어떤 수납 방식으로 정리와 수납을 할 것인지를 따져야 했는데, 그때그때 유행하는 수납 인기템을 들이는 것이 방법이라고 생각하고 있었다. 그저 우리집이 그 수납 인기템으로 더 나은 공간을 연출할 수 있을 거라는 기대감만 가졌을 뿐 방법을 몰랐다. 물건이 많은 사람, 정리가 안 되는 사람, 정리를 할 줄 모르는 사람은 수납 도구함이 절대 정답이 될 수 없다. 수납 방법과 원칙을 먼저 알아야 한다.

○ 첫째, 물건 줄이기

물건이 많은 사람이 물건의 양을 줄이는 가장 쉽고도 강력한 방법은 '비움'뿐이다. 우리집에서 살림이 가장 많았던 공간은 주방이었는데, 상하부장에 가득했던 접시와 그릇을 포함한 각종 식재료, 반찬통, 김치통을 보관하다 보니 싱크대 상판에는 주방에서 쓰고 있는 가전부터 주방에 있으면 안 되는 물건까지 자리를 차지하고 있었다.

평소 동선이나 공간 활용을 잘했던 스타일도 아니고 물건이 많아도 센스 있게 집을 꾸미는 데 재주가 있거나 쓸고 닦는 것을 좋아하고 부지런했다면, 나는 물건을 비워 정리를 하겠다는 생각을 하지 않았을 것이다. 나는 게을렀고 집안일에 재주가 없었기에 물건이 적어야 그나마 공간 활용을 잘할 수 있을 거란 생각에, 방치되고 사용하지 않으며 사용할 일도 없는 살림들을 걷어내야 했다.

싱크대 상하부장에는 오래전부터 남편이 사용했었던 주방 살림과 연애 때부터 야금야금 모아 두었던 컵들, 돌잔치 때 받아 온 답례품, 비닐도 뜯지 않았던 각종 반찬통, 사은품으로 받아온 텀블러 등이 넘쳐났다. 말 그대로 방치였다. 그렇게 남길 것들을 추리고 비워내니 공간이 생겼다.

나는 많은 살림에 대한 불편함보다는 이고 지고 살아도 충분히 무방하다고 생각했다. 하지만 물건을 꺼내고 찾는데 불편함을 느끼고 물건을 정리하는 데 시간을 많이 잡아먹는다면 비움을 실천하면서 빈 공간을 만드는 습관이 반드시 필요하다. 그렇게 빈 공간의 편안함을 느껴보길 바란다.

○ 둘째, 손이 닿지 않는 곳에 물건 두지 않기

물건을 꺼내려고 의자를 밟고 올라가 본 적이 있을 것이다. 그마저도 내가 찾는 물건이 그곳에 있다면 의자를 밟고 손을 뻗는 행동이 용서가 될 텐데 찾는 물건이 없을 때의 허탈감, 누구나 한 번쯤은 경험해 보았을 것이다. 정리를 잘하지 못하는 사람이 자신의 손이 닿지 않는 곳에 물건을 수납한다는 것은, 그곳에 수납된 물건 대부분이 기억에서 잊혀졌거나 보관할 곳이 없어서 잠시 올려둔 것이 시간이 흐르면서 방치되었을 가능성이 크다. 부득이하게 손이 닿지 않는 곳에 물건을 수납해야 한다면 그 공간에 무엇을 보관하고 있는지 자신만의 표시, 예를 들어 스티커나 라벨기에 보관하고 있는 물건 이름을 써두면 좋다.

○ 셋째, 수납 바구니도 잘 활용하면 효자템

지금은 돈을 주고 수납 바구니를 사거나 물건 정리를 위해 가구나 도구를 사지는 않지만 정리를 잘하지 못한다면 수납 바구니가 도움이 될 수 있다. 대신에 '예쁘게' 보이기 위해 색깔부터 재질까지 모두 통일하는 것은 추천하지 않는다. 단지 '예쁘게' 보이기 위해 돈을 버리고 자연을 해치는 일을 경험하기보다 우리집에서 이미 사용하고 있는 수납 도구나 방치되고 있는 바구니로도 충분히 예쁜 정리법을 연출할 수 있다.

우선 정리 공간을 확보한 뒤 그곳에 딱 맞는 크기의 바구니나 정리함을 골라 물건을 담아야 하는데 이때 물건의 양이 절대 바구니를 넘어서지 않아야 한다. 그래야 정리가 유지되며 시간과 에너지를 아끼는 공간이 되었을 때에 비로소 예쁘게 마무리할 수 있다.

○ 넷째, 식재료 관리가 쉬운 냉장고 만들기

냉장고 역시 쉽게 버려지는 식재료 없이 모든 식재료를 한 번에 찾기 쉽고, 청소하기 편해야 최고라고 생각한다. 그러기 위해서는 우선 신선한 식재료를 소량으로 사다 먹고 자주 소비할 수 있는 식재료로 요리를 한다.

예전에는 삼시 세끼 매번 다양한 식재료를 사용해 요리하는 것을 당연하게 여겼다. 대량으로 구매해야 식비를 조금이라도 아끼는 것이라고 생각했다. 그런데 대량으로 구매하다 보니 무엇이 얼마만큼 보관되어 있는지 알 수 없었고 관리도 안 되어 썩어 버리는 식재료가 많았다. 그럼에도 대량 구매로 냉장고 가득 식재료를 채우는 일을 멈추지 않았는데, 정작 냉장고 문을 열 때마다 먹고 싶은 음식이 없었다. 결국 대량 구매 대신 배달이나 외식을 하면서 지출이 더 늘어났다.

그 후 구멍 난 가계부를 보며 고심 끝에 동네 마트에서 필요한 만큼의 식재료를 사 가지고 와 일주일 이내로 소비를 하는 것에 목표를 두고 실천하고 있다. 의도치 않게 식재료가 많이 생길 때면 주변 지인과 나누어 먹으면서 냉장고를 '냉창고화' 시키지 않으려고 노력하고 있다. 또한 식재료 보관용으로 내용물과 양을 쉽게 확인할 수 있는 투명한 통을 사용하여 식재료를 확인하며 관리하고 있다.

○ 다섯째, 가구 위 물건 최소화하기

정리를 잘하지 못하는 사람에게 추천하는 정리법 중 하나로, 자주 머무는 곳의 가구 위를 보자. 나의 시선이 머무는 곳에 물건이 많으면 벌써부터 청소와 정리 스트레스가 몰려온다. 가구 위에서 물건이 사라지는 순간 시선도 그곳을 치워야 하는 부담감도 없어지면서 편안함을 느끼게 된다. 특히나 쓸고 닦고 치우고 정리하기 싫은 귀차니스트에게 가구 위 물건의 최소화는 무조건 지켜져야 하는 필수 조건이다. 가구 위 물건이 없는 것의 장점은 청소와 정리를 하지 않아도 정리를 한 것처럼 느껴진다는 것. 선택은 여러분의 몫이다. 정리를 매일 할 것인가? 정리를 매일 하지 않아도 한 것처럼 보이고 싶은가?

○ 여섯째, 수납할 공간에 여백 만들기

어쩌면 이 방법이 나를 편리하게 만드는 정리법의 완결판이라 볼 수 있다. 물건을 수납할 때 공간에 여백이 없다면 그 물건은 제자리를 찾지 못하고 또 어느 가구 위에서, 어떤 공간에서 물건 무덤이 될 가능성이 크다. 물건 무덤에서는 찾고자 하는 물건이 발견될 일이 쉽지 않다. 결국 그 공간에 있는 물건은 더 이상 물건이 아닌 버려져야 하는 재고품이 되어 버린다.

수납공간에 여유를 만들고 과거의 물건과 미래의 물건 대신 지금 현재의 물건을 70%만 채운다는 생각으로 정리하면 어떤 물건이 얼마나 있고 어떻게 관리되고 있는지를 파악하기 쉽다. 수납공

간에 여유를 만드는 것은 집안의 재고를 '제로'로 만들 수 있는 유일한 방법이다.

정리는 하고 싶은데 방법을 몰라 정리업체나 타인의 힘을 빌려 정리의 부담으로부터 벗어나고 싶을 만큼 간절했지만, 미니멀라이프를 만나면서 깨닫게 된 사실은 '물건을 줄이면 공간이 보이고 물건을 채우면 공간을 잃는다', '물건이 많으면 시간을 잃고 물건이 적으면 시간을 번다', 또한 '물건이 많으면 돈을 잃고 물건이 적으면 돈을 얻는다'는 사실이다. 공간을 변하게 하는 좋은 습관들이 쌓이면 그 어떤 유명 정리업체의 힘을 빌릴 필요가 없다. 우리가 살아가는 데에 정리는 '언젠가'가 아닌 '지금 당장' 시작하고 매일 해야 하는 가장 가치 있는 일이다.

우리집 살림 개수는 내가 정합니다

"정선아, 그릇은 무조건 세트로 사야 해. 도마도 세트, 컵도 세트, 냄비도 세트!"

°

직장을 다니느라 시간도 없고 살림에 관심도 없어서 신혼집을 채울 살림 준비를 친정 엄마에게 부탁을 했었다. 주변에 살림 선배라곤 엄마뿐이라 엄마 말은 곧 정답지가 되었고, 신혼살림을 위한 체크리스트였다.

20평 집 주방에 살림을 한가득 풀어 놓고 정리를 하는데 공간이 부족해 수납장 하나를 새로 구입했다. 수납장도 어떤 물건을 수납할 것인지 고민도 없이 엄마가 홈쇼핑 책자에서 봤다는 4단 미니 서랍에 세트로 구매한 비닐 팩과 일회용품을 가득 채웠다.

무조건 세트로 사야 불편함 없이 생활할 수 있다던 엄마 말과 달리 세트로 구매한 물건 때문에 불편한 점이 이만저만이 아니었다. 신혼 때는 불편함이 없던 살림살이가 아이가 태어나고 아이의 물건이 싱크대 위를 점령하기 시작하면서 싱크대 위에 아이의 짐이 늘어났고 자연스레 냄비 세트, 국자 세트, 양념통 세트는 베란다로 옮겨졌다.

가뜩이나 어려운 살림에 흥미는 더욱 떨어졌고 베란다로 옮겨진 주방 살림들의 동선은 엉망이 되어 버렸다. 그렇게 꼬인 동선과 기능을 잃어버린 주방 생활로 전전긍긍하다가 28평 집으로 이사를 하게 되었다.

다행히 이사를 가면서 주방이 가벼워졌다. 하지만 싱크대 안을 채우는 살림살이의 개수는 줄어들 기미가 보이지 않았다. 상하부장에는 자주 사용하는 물건보다 언젠가 사용할 물건과 예전에 사용한 물건이 한데 섞여 있었다. 남편이 자취할 때 썼던 세간살이, 연애할 때 커피숍에 가서 받아 온 컵, 돌잔치 답례품, 보험 설계사가 보내 준 사은품이 살림의 60%를 차지하고 있었다.

심지어 답례품, 사은품은 포장지도 뜯지 않고 그대로 둔 것이 많았고 언젠가 쓰겠지 싶어 남편의 자취 살림까지 이고 지고 살았다. 언젠가 집에 올 손님을 위해서, 살림이 망가질 때를 대비해서 쉽게 비우지도 못했다.

실제로 자주 사용하는 살림은 접시 세 개, 밥그릇, 국그릇 두 개씩, 국자 한 개, 가위 한 개, 칼 한 개, 과도 한 개, 집게 한 개가 전부였지만, 요리에 관심도, 재주도 없어서 나의 콤플렉스를 물건으로 덮으려고 했다. 시즌별, 세트별로 택도 뜯지 않은 주방 살림이 늘어나고 쌓였지만 늘 새로운 것을 찾았다.

'세트병'은 주방에만 국한되지 않고, 홈쇼핑 책자에서 발견한 속옷 세트에도 발현을 했다. 책자를 통해 구매한 속옷이다 보니 나에게 맞지 않아 제대로 한 번 입어 보지도 못하고 쓰레기통으로 버려졌다. 그 이후부터 속옷은 오프라인 매장에서 직접 만져 보고 1~3개까지만 산다. 같은 물건도 단품보다 세트로 사야 싸게 산 것 같았고, 굳이 많이 필요하지도 않았고 많을수록 불편했지만 남들이 그렇게 사니까 목적 없이 똑같이 구매했다.

정작 사용하고 있는 물건은 제자리를 찾지 못하고 사용하지 않는 물건이 공간의 주인 행세를 하고 있었다. 집의 주인이 사람이 아니라 물건이었던 것이다. 나는 그저 물건을 수집하고 채우기에 급급했다. 물건을 비우고 공간이 정리되어야 삶이 유지되는 사람인 나는, 그저 물건의 줄만 맞추며 물건을 쌓고 또 쌓았다.

나의 에너지가 바닥이 난 후에야 불필요한 물건이 거슬리기 시작했고 '언젠가' 쓸 물건에게 그날은 절대 오지 않는다는 것을 알았다. 그래서 데일리 살림만 남기고 모조리 비우고 나눔을 하였다. 택도 뜯지 않은 새 제품은 중고로 판매하였다. 연애 때 받아 왔던 컵 세트도, 돌잔치 답례품, 각종 생필품도 나눔으로 비워내며 빈 공간을 만들었다. 싱크대 상하부장 선반이 휠 정도로 물건을 가득 채우고 살았던 과거와 언젠가의 미래를 비워내면서 미련도 함께 버렸고, 오랜 고질병이었던 '세트병'과도 이별할 수 있었다.

지금 우리집 주방의 상하부장에 채워진 살림은 데일리로 사용하는 물건이 90%이다. 비움과 나눔에서 살아남은 신혼살림이

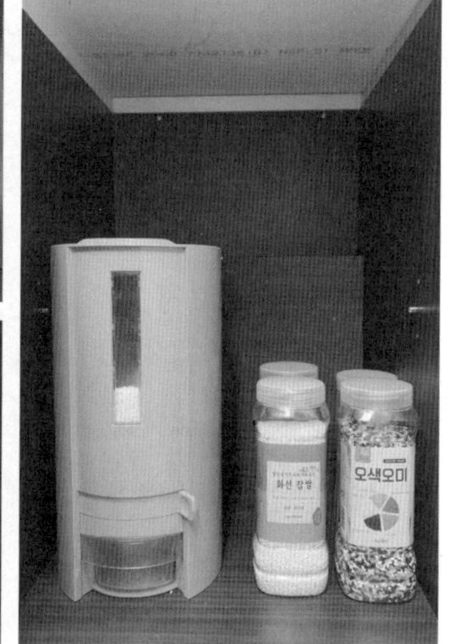

화선 찹쌀
오색오미

나의 취향을 담은 살림 40%가 제각기 자리를 찾아 편리한 생활을 유지하고 있다. 손님이 오더라도 일상의 그릇으로 대접하며 더 이상 연연해 하지 않는다. 주방 안팎에 내가 모르는 살림이 없고, 미래의 물건도 없어지면서 딱히 넣어둘 물건이 없을 정도로 간소해졌다.

가끔 '물건 없이 어떻게 살아요?', '물건을 밖으로 꺼내지 않으면 불편하지 않나요?'라고 묻는 사람이 있는데, '물건 없이는 못 살죠! 다만 적을 뿐이랍니다. 넣어 둘 공간이 차고 넘치는데 굳이 그 물건을 밖으로 꺼낼 필요가 있을까요?'라고 대답한다.

많은 물건을 사고 버려봤기에 물건 앞에서 필요와 불필요를 구분할 수 있었고 비움과 채움의 균형을 맞출 수 있었다. 빈 공간만이 최고는 아니며 불필요한 물건에게는 공간을 절대 내어주지 않겠다가 최선이 아니라 공간을 채우는 물건 중에 내가 좋아하는 물건은 기꺼이 채울 준비가 되어 있어야 한다. 집의 주인이 물건이 아니라 사람이 되었을 때 가장 편안하고 행복한 나를 위해서 말이다.

여백이 많은 공간을 위한 비움 - 팬트리

내가 생각했을 때 팬트리는 물건을 숨기기에 더할 나위 없이 좋은 공간이라는 생각에 무조건 있어야 하는 곳이라 여겼다. 게다가 모델 하우스의 팬트리는 하나같이 여백이 넘쳤다. 우리집도 나중에 팬트리를 갖게 되면 모델 하우스처럼 여백이 넘치는 공간으로 만들겠다고 결심했다.

두 번째 집을 떠나 세 번째 집에 둥지를 틀어야 했을 때 평소 동경만 했던 팬트리가 마음에 들어 이사를 결심했고, 모델 하우스 처럼 여백과 수납을 잘할 수 있을 거라 자신했다. 아뿔싸, 나에게 팬트리는 절대 가지면 안 되는 공간이었다.

물건을 숨기기에 넉넉한 공간이 생기니 필요한 만큼만 사도 될 물건을 사재기하기 시작했고, 사지 않아도 될 물건, 정리가 안 되는 물건이 엉키면서 이 모든 물건을 팬트리 안으로 숨겼다. 물건 수납을 위해 여유 공간을 만들고 편리한 생활을 위한 팬트리는, 나에게 혼돈의 카오스이자 블랙홀이었다.

혼돈의 카오스인 팬트리를 정리하려고 '팬트리 정리'를 검색해도 방법을 알려주기보다는 수납 제품 홍보가 대부분이었다. '정리는 장비빨이다'라고 생각하던 시절에는 정리가 잘된다는 수납 제품들을 사서 물건을 정리하며 여백을 가진 공간을 기대했지만, 결과는 고통 그 자체였다.

빼기 없이 더하기만 하며 달렸던 사람이라 물건을 빼는 일부터 극한 작업이었다. 문 앞까지 쌓인 물건 무덤을 무너뜨린 뒤 의자를 밟고 위쪽 공간부터 하나하나 빼기 시작하는데, 그저 막막하기만 했다. 사용하지도 않은 물건, 쓸 일이 없는 물건, 많아도 너무 많은 물건이 있다 보니 시작도 하기 전에 지쳐 버렸다.

결국 팬트리는 손도 대지 못한 채 '그냥 이대로 살자'를 선언하며 그 공간의 문을 닫아 버렸다. 행여나 누군가가 팬트리의 문을 잡기라도 하면 결코 그 안을 볼 수 없도록 철통방어를 했다.

"안 돼! 거긴 엄마만 들어갈 수 있어! 찾아야 하는 물건이 있으면 엄마한테 말해. 그럼 찾아다 줄게."

나만 불편함을 견디면 해결될 것 같았기에 그 공간을 들어갈 때마다 애써 '괜찮아… 다른 집도 다 이래'라며 위안했다. 그토록 바랐던 팬트리는 시간이 갈수록 버겁고 힘든 큰 짐이자 넘지 못할 큰 산이었고 절대 풀지 못할 수학 함수였다.

그러나 해결하지 못해 애써 외면하던 문제도 위험이 감지되거나 목숨이 달렸다면 무조건 해결하는 것이 사람이다. 아니나 다를까 팬트리 안에서 물건을 꺼내다가 공구함이 내 발등을 찧을 뻔한 아찔한 상황을 맞이하고 나서야 정신이 번쩍 들었다.

단지 위험한 물건을 다른 곳으로 옮긴다고 해결되는 것이 아니었다. 또다시 다른 물건으로 다칠 수가 있기에 이 공간을 이대로 두었다간 생명의 위협을 받겠다 싶어 밤을 새서라도 공간을 정리해야겠다 다짐했다.

제일 먼저 팬트리 안의 물건을 죄다 밖으로 꺼냈다. 꺼내 놓으니 물건의 양이 어마어마했다. 사재기한 물건을 숨기다 보니 이미 유통기한을 넘긴 것들이 대부분이었다. 생존을 위한 비움을 시작했다. '1년 동안 자주 쓰는 물건, 남길 물건만 보관한다'를 목표로 그 외의 것들은 쓰레기통에 미련 없이 버렸다.

집안 공간마다 이미 많은 물건이 넘쳐나고 있어서 어디에도 들어갈 곳이 없어 방황하는 살림들, 아이들의 그림 뭉텅이들, 캔들 만들기를 하면서 아깝다고 모아둔 빈병들, 석고방향제 자격증을 따서 부수입으로 돈을 벌겠다고 남겨 놓았던 석고가루, 부재료들, 각종 술들, 반찬통, 영양제, 바느질함, 휴지, 샴푸, 치약, 수건, 사은품 등. 그 종류도 참, 다양했다.

물건을 관리하지 못했던 나의 무지함과 하루의 보상을 물욕으로 채우려 했던 마지막 순간은 결국 쓰레기통이었다. 물건을 비우면서 만나게 된 공간을 보며 문득문득 나를 직면했고 서럽기도 했으며, 다시는 맥시멀리스트로 돌아가지 않겠다고 다짐했다.

미리 사 두었던 수납 도구들은 우리집 팬트리 공간과 전혀 맞지 않는 제품이어서 중고 판매를 했고, 이미 수도 없이 차고 넘치는 다이소 바구니를 가져와 정리를 시작했다. 내 머릿속에 남아 있던 모델 하우스의 팬트리도 온라인으로 검색한 팬트리도 지워버렸다. 팬트리 정리의 목표는 예쁜 정리가 아닌 우리 가족의 생활에 최적화된 정리가 우선이었다.

팬트리 안의 선반을 자유롭게 빼서 공간의 크기를 변형할 수 있다는 것도 비움을 하면서 알게 되었다. 팬트리에 수납할 물건들이 적으니 공간 사이즈를 수월하게 조율할 수 있었다. 그림 그리기를 좋아하는 아이들의 미술용품은 바구니를 이용해 같은 종류끼리 분류한 다음 바구니를 놓는 자리까지 정해 수납하였다.

지금은 아이들이 스스로 물건을 찾고 정리를 하고 있다. 아마 '엄마가 찾아줄게'를 여전히 유지했다면 아이들에게 정리정돈에 대한 이해를 시키지 못했을 것이다. 지금은 아이들에게 스스로 정리법을 훈련시키면서 나 역시 나에게 맞는 정리법을 단련시켰더니, 아이들과 나 사이에 정리정돈 때문에 얼굴 붉힐 일이 없어졌다.

우리집은 팬트리 공간을 사용할 때 철칙이 있다.

첫째, 과거의 물건, 현재 물건, 미래의 물건은 서로 이야기를 하며 비울지 말지를 결정했다. 나 혼자만 지내는 공간이 아니라 우리 가족이 함께 지내는 공간이기에 정리 스트레스로부터 해방할 수 있는 원만한 협의점을 찾아 유지 중이다.

둘째, 바구니 안 살림의 개수를 넘치지 않게 한다는 것이다. 바구니 안의 물건은 틈만 생기면 증식하기가 매우 쉽다. 그래서 조심 또 조심해야 한다. 팬트리 안에서 유용하게 쓰임을 당하고 있는 바구니지만, 그 안까지 물건을 가지런히 정리하는 것은 시간 낭비, 에너지 낭비라고 생각을 해서 흐트러져 있는 상태로 눈을 감고 넘길 수 있다. 하지만 바구니가 넘쳐서 더 이상 수납이 되지 않아 물건을 빈 선반 위에 두거나 새 바구니를 마련하여 물건을 채우는 일은 허용이 안 된다.

새 물건을 사서 제자리를 찾아야 할 때는 바구니 안에 비워야 할 물건을 분류하여 공간을 만든 뒤 같은 기능을 하고 있는 물건이 담긴 바구니 안으로 들어가게 한다. 예를 들어 새로운 청소용품을 사야 해서 구매는 했지만 이미 청소용품을 수납하는 바구니 안이 차 있다면 새 물건은 갈 곳을 잃어버리게 된다. 그렇기에 해당 바구니 안을 비운 뒤 공간을 확인하고 새 물건을 구매한다.

셋째, 사재기는 절대 금물! 다른 사람은 몰라도 나는 절대 사재기를 하지 않기로 나 자신과 약속했다. 팬트리가 있다는 것은 사재기를 하기에 정말 좋은 이유이자 핑계가 된다. 최악의 공간을 만들기에 충분한 전제이다.

대량으로 비상식량을 비축하고 생필품을 구매하며 채우고 또 채웠다. 모자라거나 부족했을 때의 불안한 마음과 그 마음을 채우기 위한 습관 때문에 생활을 불편하게 만들었고 나를 위험하게 만들었다.

살림은 장비빨이라는 말도 일리가 있지만, 결국 장비빨을 이길 수 있는 것은 습관빨이라는 것을 수없이 많은 경험을 통해 체험하고 느끼고 있다.

팬트리 문을 열면 어떤 물건이 어느 자리에 있는지 한눈에 파악이 되고, 팬트리에 수납하지 않아도 되는 물건은 새 공간을 찾아 정리를 유지하는 데 힘쓰고 있다. 휴지와 샴푸, 치약, 칫솔은 화

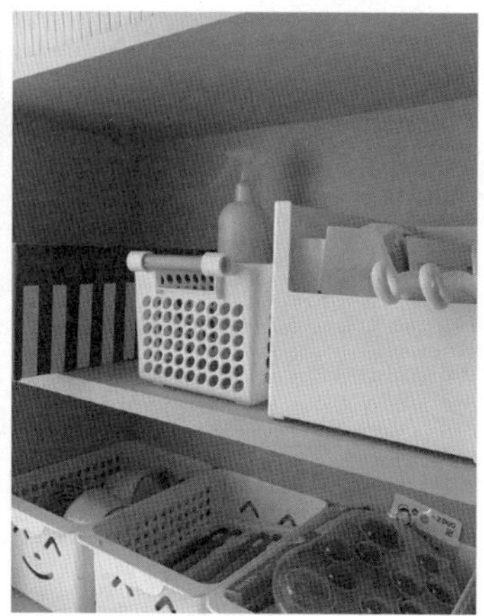

장실 수납장에, 반찬통은 싱크대 하부장에, 영양제는 주방 상부장 전용 수납 박스에 수납하고 있다. 여백이 넘치니 정리정돈은 한결 수월해졌고 가족이 물건을 찾느라 허둥대지 않게 되면서 나의 할 일도 덜게 되었다.

여백이 많은 공간을 위한 비움 - 드레스룸

드레스룸이라 부르고 창고로 썼던 공간. 물건 정리를 못했던 내게 드레스룸은 큰 의미를 두어서는 안 되는 공간이었다. 하지만 신혼 초 누군가 만들어 놓은 드레스룸을 보고 '저거다' 싶었다.

남편은 자취 때 썼던 행거를 가져다 재활용하자고 했지만 절대 어림도 없는 소리! 말도 안 되는 소리에 혀를 내두르며 국민 브랜드 시스템 행거를 선택하고 거금을 들여 '있어빌리티 드레스룸'

을 만드는 데 투자를 했다.

처음에는 시스템 행거에 옷이 걸려 있는 것을 볼 때마다 비싼 행거에 걸려 있으니 옷도 더 잘 관리할 것 같고, 튼튼하니까 많은 옷을 걸기에도 안성맞춤이다라며 자화자찬을 했다. 하지만 늘 반전은 있는 법, 정리는 못해도 먼지는 보기가 싫어서 옷에 쌓인 먼지를 털고 행거 위에 쌓인 먼지를 닦아 내는 일에 매달렸다. 그래도 신혼 초에는 감당할 수 있었지만 임신과 출산, 육아를 하면서는 그 일 자체가 엄청난 부담이었다.

그렇게 먼지 닦아 내는 일을 자주 하지 못하면서 남편의 비염은 심해져갔고 드레스룸에 들어갈 때마다 재채기를 해댔다. 내심 남편이 먼지를 닦아주길 바라면서… 옷 욕심은 없었지만 옷을 버린다는 것은 있을 수 없는 일이었고, 비록 지금은 출산 때문에 입지 못하는 과거의 옷들도 다이어트만 성공하면 입어주리라 결심했지만 매번 결심에서 끝났다.

작아진 옷도, 과거의 옷도 행거에서 떠날 생각을 하지 못했고, 자그마치 4년 동안 행거 두 칸을 차지하며 절대 비우지 못하는 추억템으로 전락해 버렸다. 옷 욕심보다 그때그때 사고 싶은 새 옷

앞에서 피어나는 충동은 제어되지 못했고, 육아 스트레스는 옷을 구매하며 풀었다.

다른 물건을 구매할 때보다 옷을 구매할 때는 후기는커녕 '대충 입다가 버리는 옷'이라는 생각에 저렴한 옷들로 여러 개를 골라 장바구니에 차곡차곡 쌓아 두었다. 나는 오래전부터 온라인에서 구매한 옷은 내 몸에 맞지 않고 어색하다는 것을 알면서도 소비를 억누르지 못했다.

정작 불어나는 몸을 커버하는 옷은 남편 옷뿐이었다. 남편 옷을 걸치며 입지도 않을 옷을 주기적으로 사서 더 이상 수납할 공간이 없는 행거와 서랍장, 바닥까지 모든 공간을 채웠다. 옷걸이가 부족해 새 옷걸이를 세트로 구매하면서 버리지 못하는 옷을 욱여넣었다.

나처럼 정리가 안 되는 사람에게 드레스룸이 옷만 보관하는 곳이 아니라는 것을 증명하듯, 팬트리와 마찬가지로 사재기 한 물건의 보관 장소이자 육아템의 대기 장소로 전락했다. 혹시라도 누가 볼까 지인이나 가족의 방문 전에 문부터 꼭꼭 잠가놓기 바빴다.

평소와 다름없이 드레스룸 행거에서 옷 하나를 꺼내려고 낑낑거리다가 갑가지 딱딱한 무언가가 내 얼굴을 스치더니 바닥을 향해 내리꽂혔다. 바로 그 순간 옷더미들이 내 머리 위로 수직 낙하를 하며 나를 덮쳤다. 세상 튼튼함을 자랑했던 시스템 행거의 기둥을 지탱하던 나사와 부속품이 빠그라지면서 그대로 뽑힌 거였다.

쌓고 쌓았던 내 옷이 걸려 있던 구역인 것을 알아챈 순간, 내가 무슨 일을 당할 뻔했는지 정신이 들었다. 무너져 버린 행거 기둥 앞에서 옷 무덤을 등지고 반성을 하게 되었다. 닫히지도 않는 서랍 안에는 택도 뜯지 않고 그대로 둔 옷들이 대부분이었고, 그나마 버티고 있던 또 다른 행거에는 20대 초반부터 주구장창 입어온 코트, 셔츠, 카디건, 무스탕, 호피 무늬 점퍼와 살 빼면 입겠다던 26사이즈 청바지, 55사이즈 치마, 정장 세트, 원피스가 가득했다. 모든 미련을 버리고 비워냈다. 다른 물건은 비울 수 있어도 옷은 절대 비우지 못했던 내게 옷 비움은 그 자체로 경이적이었다.

절대 못 비우는 물건은 없다. 다만 시간이 걸리고 미련이 남을 뿐이다. 미련까지 함께 비워낸다는 생각으로 옷을 완벽하게 비워냈다. 그 이후로 옷은 절대 온라인으로 구매하지 않는다는 원칙과 가격을 떠나 오프라인에서 직접 입어 본 뒤에 나에게 가장 잘 어울리는 옷을 선택하면서 취향이 생기고, 드레스룸 관리도 어렵지 않게 해내고 있다.

자연스럽게 드레스룸을 따로 두지 않았고 적절하게 공간을 이용하면서 좀 더 나은 정리를 위해 조금씩 노력했다. 헛헛한 마음을 채우기 위한 옷 구매를 하지 않았고, 질리지 않고 오래 입을 수 있으며, 심플하고 재질이 좋은 옷을 골라 한두 벌 정도만 구매했다. 비움에서 살아남은 옷과 새로 구입한 한두 벌의 옷으로도 충분했다. 사계절을 위해 옷 스무 벌 남짓만 소유하고 있지만 생활에 아무 불편이 없다. 오히려 남아 있는 옷들을 더 애정하게 되었다. 늘 습관처럼 받아 입던 남편의 옷과도 이별하기 위해 다이어트를 시작했고 만보를 생활화했다.

그리고 드레스룸 공간 수호를 위해 더 이상 옷걸이를 사지 않는다. 비움을 하기 전 옷을 보관하기 위해 무작정 늘렸던 옷걸이 개수는 오히려 나를 비움에서 멀어지게 하였다. 오히려 채워야만 할 것 같았고 실제로도 그렇게 채웠다. 결국 옷과 함께 옷걸이까지 비워냈다.

네 번째 집, 지금의 우리집에서는 안방에 딸린 드레스룸이 생

각보다 작아서 확장 리모델링이나 붙박이장을 생각했지만, 막상 이삿짐이 들어오고 보니 그 작은 드레스룸에 우리 가족의 옷이 모두 수납되었다. 앞으로 새 옷이 채워질 수도 있겠지만 더 이상 옷걸이를 산다거나 확장 리모델링을 고민하지 않아도 될 만큼 옷도 확실하게 비우고 필요한 만큼 채워가며 관리하고 있다.

여백이 많은
공간을 위한 비움 - 신발장

팬트리와 드레스룸이 비워지면서 자연스럽게 신발장도 대대적인 변화의 바람이 불어왔다. 아이를 낳아 키우면서 점점 더 편한 옷과 신발을 찾다 보니 가끔 있는 결혼식이나 돌잔치 등의 행사를 제외하고는 하이힐이나 플랫 슈즈처럼 구두를 신을 일이 없어졌다.

그럼에도 하이힐과 플랫 슈즈를 쉽게 비우지 못했던 이유는

'언젠가'를 대비하기 위함이었다. 살다가 한두 번은 신지 않을까하는 마음 말이다. 그리고 하이힐을 신으면 이십대로 돌아간 듯한 기분이 들어 쉽게 비우지 못했다.

그러나 현실은 '엄마'였다. 아이를 안거나 업고는 하이힐을 신고 돌아다니기에는 무리가 되었다. 그래서 플랫 슈즈와 같은 굽 낮은 구두도 신어 보았지만 발의 피로감만 더할 뿐이었다. 가끔 내 자신감을 찾는 도구로 5cm 굽의 신발을 신어보기도 했지만, 피로감은 어쩔 수 없었다.

그래서 과감하게 신발장도 비움을 하였다. 기본 신발장도 부족해서 새 신발장을 둘 만큼 넘쳐나던 신발을 비우자 현관에 공간이 생겼다.

팬트리, 드레스룸, 신발장의 물건을 비우면서 여백과 공간을 얻었지만, 비움이 무조건 우선되어야 하는 것은 아니라는 것을 알았다. 비움이 계속 되다 보니 가끔 남편이 "이거 하나 비우고 하나 사도 돼?"라고 묻곤 하는데, 새 물건을 사려고 비움을 하는 것이 아니기 때문이다.

물론 공간을 만들려면 물건을 비워야 하지만 새 물건을 들이고자 비움을 하는 것은 단지 공간을 미니멀하게 만들기 위해 '비움'으로 합리화 시키는 것일 수도 있다. 분명 최소한의 물건을 가지고 살았을 때의 만족감이라는 '궁극의 미니멀리스트'는 아니더라도 불필요한 물건을 비우고 좋아하는 물건으로 채우는 껍데기만 남은 미니멀라이프는 당장 그만 두어야 한다.

나에게 미니멀라이프는 라이프가 미니멀이 되어야 한다는 것에 집중이 되어 있는 삶이다. 그래서 비움 생활이 오래 될수록 남겨진 자리에 채워야 할 것들의 선택이라는 것이다. 물건만이 아니라 내게 선택된 남겨진 것들을 귀하게 여길 줄 알아야 소유에 관한 결핍을 최소화할 수 있고, 채움에 있어서도 후회 없는 결정을 내릴 수 있다.

'설레지 않는 물건을 버리고 설레는 물건으로 채우라'는 말을 예전에는 좋은 말이라고 생각했는데, 설레지 않는 물건을 비우면서 후회를 했던 적이 있다. 지금은 설레지 않는 것도 남길 만한 가치가 있다면 내게 필요한 물건이다.

'비움'을 설레는 것들로만 채우고 그렇지 못한 것은 자꾸 바

꾸라는 말처럼 생각하는 사람들은 하나를 사기 위해 하나를 비운다고 한다. 하지만 정작 비우지도 않고 채우기만 하면서 공간이 변한 게 없고, 일상이 바뀌지 않는다고 불만 가득한 소리를 낸다.

진정한 미니멀라이프의 찐 맛을 느끼기도 전에 스스로 포기하는 사람들은 대개 '미니멀'이 '라이프'인 사람일 것이다.

변하고 싶은 간절함이 생기면 목적이 달라진다. 목적이 달라지면 생각이 변하고 생각이 변하면 몸도 그쪽으로 움직여야 한다. 나의 몸이 자연스럽게 좋은 쪽으로 스며들 때 공간도, 일상도, 삶도 변하게 된다.

물건이 나를 짓누르고 있다는 생각이 들면 공간의 여유를 늘리는 것은 너무나 당연한 이치다.

불필요한 물건을 비우는 것과 동시에 불필요한 물건을 사지 않는 습관을 만들며, 모든 물건이 제자리에 있어야 하며 넘치지 않으면 그것만으로도 공간을 지켜 나갈 수 있는 지속 가능한 최고의 방법이라고 생각한다.

"공간이 여유가 넘칠 때
일상은 쉼이 생기고
쉼을 챙겨야 나를 돌보며
나를 돌봐야 꿈을 찾고
꿈을 찾아야 꿈을 이룰 수 있다."

이 말은 미니멀라이프의 선순환이자 내가 지독하게 지키고 싶은 미니멀라이프의 존재 이유다.

m i n i m a l

s u n n y

3장

행복을 채우기로 했다 물건 대신

나는 시간을 관리하며 삽니다

"정선아!! 커피 한 잔 할래?"

'오늘은 집 정리도 해야 하고 반찬도 만들어야 하는데…'

엉망인 집 정리, 반찬거리 준비를 놓고 친구와의 약속을 거절하지 못했다. 실은 거절이 아니라 애당초 집 정리와 반찬 준비를 하는 데 의지가 없었다. 집을 털지 않을 게 뻔하니 친구라도 만나 입이라도 털자 싶어 엉망인 집을 뒷전에 두고 커피 한 잔을 마신 뒤 집으로 돌아왔다.

입을 터느라 에너지가 잔뜩 빨려 집으로 돌아온 뒤 소파에 누워 눈을 감아버렸다. 피곤하기도 했지만 해야 할 일을 미룬 뒤에 마주한 집안 꼴이 내 꼴 같아서 도저히 눈을 뜨고 볼 수 없었다. 다녀오면 딱히 기억에도 남지 않는 대화 내용에 내 시간을 쓰는 게 무슨 의미인가 싶어 차라리 집이라도 치울 걸, 반찬이라도 만들 걸, 아니면 잠이라도 자면서 충전할 걸 하면서 후회를 했다.

하지만 그 당시 전업주부로 해야 하는 일이 '적성에도 맞지 않다', '티도 안 나는 일 해봤자 뭐 해'라며 이 핑계 저 핑계를 댔고 나는 또 의미 없는 만남에 의미 없는 시간을 쓰며 하루를 보냈다.

그러다 육아맘이 되면서 하루 24시간 중 반나절 이상 '엄마'를 찾고 울어대는 아이와 함께하다 보니 1분, 1초의 촌각을 다퉜다. 아이가 잠이든 잠깐의 시간 동안 기본 의식주를 해결해야 했고 집안을 치우고 정리를 해야 했다. 내게는 육아도, 살림과 마찬가지로 적응이 잘 안 될 뿐더러 아무리 해도 티가 나지 않는다.

핑계를 대면서 외면하고 싶었던 초보 엄마였지만, 적성에 맞지 않는다고 아이를 그냥 둘 수는 없었다. 낳아놨으니 죽이 되든 밥이 되든 키워야 했다. 그래서 나의 시간 중에서 무의미한 것들을 차단해야 했는데, 가장 많은 시간을 갉아 먹는 게 지인과의 만남이었다.

이 집 저 집을 드나들며 공동육아로 엉망인 마음은 달랬지만, 막상 집으로 돌아오면 엉망이 된 집을 보며 아이가 잠이 들고 나서야 밀린 설거지, 청소, 빨래를 했다. 그러다 보니 고단함은 배가 되면서, 예민함이 극에 달해 마음이 맞는 몇 사람을 제외하고 연락처를 지운 뒤 공동육아의 끈도 스스로 끊어 버렸다.

나 혼자 어떻게 아이를 키우며 살림을 할 수 있을까 싶어 걱정을 했지만, 의미 없는 것들에 시간을 쓰지 않으니 오히려 육아와 살림 스킬이 업그레이드 되었다. 그렇게 '시간적 여유'라는 것이 생기기 시작하면서 무의미한 것들을 차단하고 생겼던 허탈함과 우울함을, 물건을 소유하는 것으로 풀기 시작했다.

아이의 물건이 하나둘씩 공간에서 사라지면서 상대적으로 나의 물욕은 '포텐'을 터트렸고, 그 공간에 평소 갖고 싶었던 물건을 채우면서 바라만 봐도 위로가 되는 '힐링템'에 쓰는 시간, 돈, 공간까지 모든 게 아깝지 않았다. 힐링템은 내게 유의미한 것들이란 생각이 들다 보니 물욕은 멈출 줄을 몰랐고, 물건이 모이면 모일수록 행복했다.

하지만 그 행복도 오래 가지 않았다. 둘째를 임신하면서 문득 우리집을 둘러보는데 급체를 한 것 마냥 가슴 속이 답답해졌기 때문이다.

벽부터 바닥, 창문 앞까지 '힐링템'이라며 채운 나의 물건이 '예쁜 쓰레기'로 보였다. '여기에 돈을 쓰는 것은 전혀 아깝지 않아'라고 했던 생각이 '나는 왜 여기에 돈지랄을 한 걸까?'로 바뀌었다. '쓸고 닦는데 힘은 들어도 괜찮아, 예쁘니까'였던 것이 '저것들만 없었어도 청소하기 편했겠지?'라는 생각이 들면서 힐링템은 나의 시간과 체력, 돈, 시간을 갉아먹는 무의미한 것들이 되었고 비움 대상 1호가 되었다.

그렇게 내 손으로 비운 예쁜 쓰레기가 사라진 공간에 적응이 될까 싶었지만 오히려 그 공간에 여백이 만들어지면서 나의 시간이 확보되었다. 비로소 비우길 잘했다는 생각과 앞으로는 더 이상 물건으로 채울 필요가 없다는 생각을 했다.

육아를 하면서 가장 힘들었던 것이 '시간 확보'였는데 빈 공간이 생기면 생길수록 나의 시간도 늘어났다.

그렇게 2년 동안 묵혔던 숨은 짐들을 비워내며 여유가 넘치는 공간을 만들어 냈던 이유는, 청소와 정리에 사용하는 시간을 나를 위해 쓰기 위해서였다. '청소하기 편한 집'을 목표로 매일 비움을 2년 가까이 실천하다 보니 우리집 한 구역당 청소하고 정리하는 데 걸리는 시간은 고작 10분이면 충분했다.

가족이 일어나기 전 창문을 열어 가볍게 환기를 시키고 부직포 밀대로 거실, 주방, 침실, 작은 방의 먼지를 쓸고 난 뒤 주방 식탁에 앉아 따뜻한 보리차를 마시기도 하고, 영양제를 챙겨 먹기도 하며, 읽고 싶은 책을 읽거나 음악을 들으면서 온전한 내 시간을 보낸다.

가족 모두가 일어나면 등원과 출근 준비를 서두르고 모두가 집을 떠나면 만보 걷기를 하러 운동화 끈을 질끈 묶고 나간다. 만보를 걸으러 나가기 전, 내 손엔 늘 재활용 쓰레기, 음식물 쓰레기가 있고 내 귀엔 이어폰이 함께다. 그래서 우리집은 웬만해선 쓰레기가 넘치지도 않고 보관하는 시간도 길지 않아서 자리를 차지하지 않는다.

그렇게 오전의 여유를 찾게 된 후부터 나는 호들갑을 떨지 않게 되었고 예민함도 사라지기 시작했다. 아이를 키우고 살림을 하면서부터 '나는 왜 맨날 시간이 없지?', '시간이 없어서 못하겠어'라는 말을 달고 살았는데, 이제는 '나는 시간이 남아돈다', '시간은 만들면 되는 것'이라는 말이 자연스럽게 입 밖으로 튀어 나올 정도로 시간을 관리하는 사람이 되었다.

오후에는 하루 중 내가 만나야 하는 사람, 내가 계획한 일을 하며 보낸다. 이마저도 모든 기준은 완벽한 게으름뱅이이자 귀차니스트인 나를 위해 과유불급하지 않게 조율한다. 물건도 물건이거니와 나에게 인맥과 일과는 과하지 않고 흘러넘치지 않아야 했다. 바로 지속하기 위함이었다. 지속하기 위해 '타이트함'보다 '느슨함'을 선택했다. 그래서 오후에는 밤에 적어 두었던 하루의 스케줄러를 보며 움직이는 편이다.

유튜브 촬영을 하거나 새로운 사업 아이템을 구상하기도 하고 배우고 싶었던 강의를 듣고 책을 펼쳐 필사도 하면서 오후 시간을 정돈한다. 아이들과 남편이 오기 전 식사 준비를 가볍게 하고 주방

퇴근과 집안일 퇴근 시간을 저녁 8시로 정하였다. 그리고 가족 모두의 미디어 금지 시간을 정해 그 시간에는 휴대폰, 텔레비전 등 어떤 미디어도 보지 않는다. 대신 자유롭게 하고 싶은 것을 한다.

그리고 밤 9시부터 30분 동안 가족이 함께 하는 시간으로 정해 보드 게임을 하고, 가족회의, 사생대회(?), 숨은그림찾기, 편지 쓰기 등 아이들이 원하는 놀이를 하면서 가족의 추억을 저장하고 있다.

밤 9시 30분부터 10분 동안 우리집 가족이 함께 모든 공간을 리셋한다. 거창한 것은 아니고 사용한 물건을 제자리에 돌려놓기만 하면 된다. 이 루틴은 다음 날 정돈된 공간을 마주하였을 때 기분 좋은 시작을 맞이할 수 있고 아침부터 물건을 정리하고 청소해야 한다는 노동의 부담을 갖지 않도록 만든다.

물론 처음부터 가족 모두가 동참했던 것은 아니다. 나는 늘 어지르는 사람, 치우는 사람 따로 있냐며 예민함과 짜증, 잔소리를 뿜어댔다. 하지만 이제는 가족의 노력 덕에 5분도 안 되서 정리가 되고, 서로에게 관대해졌고 평화로워졌다.

물건만 비운다고 청소가 편한 집이 되는 것은 아니었다. 결국 내가 그간 갖고 있었던 정리, 청소 습관, 물건의 생각, 공간의 생각 변화, 소비 습관까지 변해야 비로소 청소가 편한 집을 유지할 수 있는 것이다. 그래서 너무나 익숙해져 버린 오랜 습관들부터 변해야 했다. 어떻게 보면 시간 확보를 위해서는 무조건 해야 하는 필수 습관들을 만들어 내 몸에 익숙하게 만들어야 했다.

○ 첫째, 아침에 일어나면 이부자리 정돈하기

침실에 침대 하나만 덩그러니 둔 공간에 이불만 가지런히 정리를 하고 나오는 것만으로도 단정한 공간이 만들어지는 것을 보면서 무언가 작은 성취감을 느꼈다. 아침에 해야 할 집안일 하나가 덜어지는 느낌도 좋았다. 무엇보다 침실에 놓인 가구라고는 침대뿐이라 그곳만 정리하면 안방 정리는 끝!

○ 둘째, 침실에서 나와 주방으로 이동해 밤새 물기가 마른 그릇 정리하기

"뭐 그렇게까지 해, 어차피 그릇들은 계속 써야 하는 물건인데?"

예전의 나도 그랬다. 어차피 주방 살림은 하루에 계속 사용하는 것인데 설거지하고 난 뒤 그냥 두는 게 편하지 않나 싶지만, 쌓인 물건 사이에서 뭐 하나 꺼낼 때마다 바닥에 우당탕탕 떨어질 때도 많았고, 물건이 쌓이니 정리하기가 싫어서 주방에 들어가는 것조차 꺼려졌다.

그런 내게 식기 건조대도 비워야 했던 물건 중 하나였다. 간이 건조대를 두고 컵과 간단한 그릇 정도만 두고 물기가 마르면 그릇의 자리를 정해 정리를 했다. 처음엔 세상 귀찮은 일이었지만 습관이 되니 이제는 주방 살림이 자동화 되어서 관리를 받는 중이다. 어수선함을 없애고 싶어 싱크대 속 공간을 확보하니 그릇은 새 자리를 찾아 들어갔고 새로운 정리 시스템과 새 습관이 쌓인 주방은 보고만 있어도 기분이 좋아지는 단정한 공간이 되었다.

○ 셋째, 가족 모두가 잠자리에 들기 전에 하는 루틴으로 모든 공간 리셋하기

거창한 것은 아니고 사용한 물건만 제자리에 돌려놓기만 하면 된다. 이 루틴은 다음 날 일어났을 때 정리가 되어 있는 공간을 맞이하고 기분 좋은 시작을 위함이다. 아침부터 물건을 정리하고 청소해야 한다는 노동의 부담을 갖지 않기 위해서다.

○ 넷째, 매일 틈틈이 작은 먼지, 얼룩 닦기

바로 대청소를 하지 않아도 되는 집을 만들기 위함이다.

○ 다섯째, 외출 전에 거실과 주방 완벽히 정리하기

외출 전에 다른 공간보다 거실과 주방을 완벽히 정리하고 난 다음 외출을 한다. 이것 역시 외출하고 돌아 왔을 때 집에서 아무것도 안 하고 편히 쉬고 싶은 나를 위해서다.

다섯 가지 필수 습관들만 잘 지켜졌을 뿐인데 청소와 정리의 부담으로부터 가벼워졌고 나의 시간에도 여유가 생겼다. 무의미한 것들을 이고 지고 살았을 때는 한없이 무기력했던 하루를 보냈는데, 불필요한 것들이 덜어진 순간부터 내가 하고 싶은 것들을 하며 하루를 유의미하게 살 수 있었다.

운동할 시간도 없다는 핑계 대신 만보 걷기를 실천하게 만들었고, 책 읽을 시간도 없다는 소리 대신 도서관에 가서 책을 실컷 읽었다. 배우고 싶은 경험이 생기면 시간을 투자해 자기계발을 하며 나를 성장시켰고 그 경험을 필요한 사람들과 나누면서 좋아하는 일을 하며 돈을 버는 사람이 되었다.

"정선아 커피 한 잔 할래?"

마음 편히 커피 한 잔 마실 시간도 없었던 나였는데, 이제는 커피 두 잔을 마셔도 부담이 없는 하루를 사는 시간 관리사가 되었다.

사랑하는 나의 가족이 나를 기억할 때 '우리 엄마는 매일 텔레비전만 봤어', '우리 엄마는 매일 휴대폰만 보고 살았어', '우리 엄마는 매일 아무것도 안 했어'라고 기억한다면 너무 아찔하지 않을까. 적어도 나의 가족이 나를 기억해 줄 때 '하루를 열심히 살았어' 라고 기억해 주면 좋겠다.

지금 우리에게 필요한 것은 어제도 내일도 아닌 바로 지금 이 순간이다. 매일 내게 온 하루를 무의미하게 흘려보내지 말고 의미 있는 것들로 채워가는 내가 되어 보기를 추천한다.

물건을 사는 기쁨보다 사지 않는 기쁨

화장실 거울 앞에 서서 로션을 바르고 있는 나를 보고 남편이 한 마디 거든다.

"화장대 놔두고 굳이 화장실에서 왜 그러고 있어?"
"그러게, 나는 왜 굳이 여기서 이러고 있지?"

신혼집은 파우더룸이라 부르는 공간이 없어서 서랍 겸 화장대 기능을 하는 3칸 서랍장을 들였는데, 그중 두 칸은 옷을 보관해 두었고 나머지 한 칸은 화장품을 보관해 두었다. 그런데, 광고나 홈쇼핑을 보면서 구매욕을 채우다 보니 정작 데일리로 사용하는 물건을 수납할 공간이 부족했다.

박스도 개봉하지 않고 그대로 둔 기초 화장품부터 화장실 수납장으로 들어가도 됐을 법한 폼클렌징 용품, 포장지가 반쯤 뜯긴 샘플, 색조 화장품, 매니큐어, 안경, 헤어 고대기, 향수, 섬유탈취제, 비누, 디퓨져, 인테리어 소품이 제자리도 찾지 못하고 집 먼지를 머금으며 화장대 위를 점령하고 있었다.

물건을 꺼내 놓고 쓰는 것에 익숙해서 화장대 위를 점령한 화장품도, 서랍 안에 사용하지 않고 모셔놓은 화장품도 눈에 거슬리지 않았다. 오히려 고가 라인부터 저렴 라인까지 다양한 브랜드 제품의 화장품을 보며 내가 이런 것도 살 줄 아는 사람이라고 스스로를 위안했다.

단지 사용해 보고 싶어서 킵 해둔 서랍 안 화장품이 과연 관리가 잘 되었을까? 결론부터 말하자면, 고가 라인의 제품은 아까워서 바르지 못했고, 저렴 라인 제품은 내 피부에 맞지 않은 것이

대부분이었다.

결국 방치되어 80%가 넘는 화장품이 유통기한을 넘겨 비워야 하는 상황이 왔는데 그마저도 아까운 것이다. '내가 저걸 얼마 주고 샀는데', '저거 사려고 돈을 모았는데…' 결국 오래된 화장품에게 팔꿈치와 발뒤꿈치를 촉촉하게 만들라는 새 기능을 쥐어주며 서랍 문을 닫았다. 하지만 그마저도 차마 꺼내들지 못하고 서랍 안에서 고이고이 모셔졌다.

평소 화장도 잘 하지 않고, 화장에 공을 들이는 스타일도 아니었다. 그러다 보니 바르는 화장품이래 봐야 선크림, 비비크림, 틴트가 다였다. 하지만 까무잡잡하고 예민한 피부가 콤플렉스였던 나는 미백 기능 제품을 주로 사 모았다. 그저 모으기만 할 뿐 귀차니스트였던 나는 그 화장품에게 내 얼굴을 허락하지 않았다.

사용하지 않고 자리만 차지하는 제품 때문에 정작 데일리로 바르고 있는 제품은 보살피지 못했다. 그렇다고 먼지를 닦거나 정리할 만큼의 시간도 체력도 아니어서 데일리 제품만 따로 보관하는 파우치를 만들어 두었다가 장소에 구애받지 않고 파우치만 들고 다니면서 그때그때 사용했다.

더 이상 넘쳐나는 화장품을 감당하기에도 버거울뿐더러 다양한 화장품을 사용하기보다는 나에게 맞는 화장품 하나를 신중하게 선택해 꾸준히 바르는 게 낫다는 결론을 내린 뒤 서랍 안 화장품을 비울 수 있었다. 물건이 비워지니 여유가 생겼고, 화장대 위를 점령했던 물건의 제자리를 정해 수납하였다. 인테리어 소품과 디퓨져도 치워 버리자 먼지도 함께 사라지면서 화장대는 그 어떤 공간보다 아름다워졌다.

파우치 화장대 생활을 한 지도 6년이 다 되어 간다. 파우치 속 화장품이 몇 가지 추가되거나 변경되었지만 파우치 속 화장품은 오랫동안 내 곁에 머물다 사라진다.

내게 잘 맞는 화장품만 남겨 채워놓은 파우더룸 서랍도 새로이 추가된 것 없이 오랫동안 내 곁에 머물러 있다. 나는 지금도 화장을 하는데 공들이지 않는다. 여전히 화장대 위를 치우고 서랍 안을 치우고 정리하는 데도 공은 들이지 않는다.

대신 아이들과 남편을 피해 혼자 있고 싶을 때 가쁜 숨을 쉬러 주저앉아 글도 쓰고 음악 감상도 하면서 생각을 정리하곤 한다. 그럴 때마다 하루를 버티게 하는 쉼과 물건이 대신할 수 없는 기쁨을 얻는다.

물건 앞에서 구매를 망설이는 사람에게 묻고 싶다.

"정말 필요한 물건이 맞나요?"

"사고 싶은 물건이 아니고요?"

지금 필요한 물건은 이미 당신 곁에 있다. 과거의 물건, 미래의 물건에 당신의 소중한 돈과 시간을 쓰지 말기를 바란다. 물건보다 기쁜 행복을 당신이 머문 자리, 소박한 곳에서 찾아보는 것은 어떨까?

지속 가능한 제로웨이스트를 위해 내가 할 수 있는 일

"미니멀라이프 한다면서 샴푸를 쓰고 비닐봉지를 쓰고 집에 플라스틱도 정말 많네요?"

"그러는 당신이 미니멀라이프를 한다고 이야기할 수 있나요?"

나의 비움 기록을 영상으로 제작해 공유하고 있는 '미니멀써니' 유튜브 영상에 종종 달리는 댓글이 '미니멀라이프 한다면서~'로 시작한다.

그렇다. 나는 미니멀라이프를 한다면서 여전히 샴푸를 쓰고 비닐봉지를 끊지 못했으며 우리집 살림 중에 플라스틱도 정말 많다. 내가 정한 미니멀라이프 초기 강박증이 몇 개 있는데 그중 하나가 '물건이 1도 없는 방을 만들어야 한다'였다. '플라스틱 프리병' 초기에 겪을 수 있는 강박증으로 한 번 빠지면 쉽게 나올 수 없기에 절대적으로 강박증을 조심해야 한다.

매일 불필요한 물건을 비워가며 내가 버린 물건에 대한 후회와 미련은 없었지만 환경을 파괴하고 있는 것은 아닐까 하고 죄책감이 들어 혼났다. 내가 채운 물건이 집을 뒤덮더니 이제는 내가 비운 물건이 자연을 뒤덮고 있는 것이다.

물건 앞에서 이건 분명히 비워질 거라 예상하는 사람이 몇이나 될까? 나 역시 그런 사람들 중에 하나였기 때문에 소비를 하는 것도 비우는 행위도 처음에는 죄책감이 없었다. '물건을 왜 버려, 평생 쓸 건데'에서 너무나 쉽게 '이 물건은 질리니까 쓰레기통에 그냥 던져 버려도 괜찮아'가 되었다. 다들 그렇게 쉽게 사고 쉽게 버리니 당연한 것으로 생각하며 '나 하나쯤 그렇게 살아도 괜찮지 않을까' 하며 지구를 병들게 하는 습관을 늘려가면서 환경을 파괴하는 사람 중의 하나가 되었다.

애당초 비움 당할 물건이라는 운명이 보이는 신빨이라도 있다면 '사지 마라'라고 했을 텐데 물건 앞에 서면 오로지 지름신만 다녀가시는 통에 채우고 비우고 채우고 비우는 일을 반복하며 살았다.

미니멀라이프의 정석이라 함은 '물건 없이 사는 삶'이라 여기고 그렇게 사는 사람들을 '미니멀리스트'라고 말하며 '노샴푸, 노세제, 비닐 사용 금지, 플라스틱 사용 금지'를 생활화하는 제로웨이스트를 보고 진정한 미니멀리스트라고 부른다.

나 역시 그런 사람들의 삶을 동경했고 그렇게 살아야 미니멀라이프를 실천한다고 말할 수 있으며 낯뜨겁지 않을 것 같았다. 하지만 비움 생활이 오래 지속될수록 내가 원하는 것은 '궁극의 미니멀리스트'라고 일컬어지는 공간, 물건, 생각이 아니라 내가 선택한 라이프가 미니멀이어야 한다는 거다.

제로웨이스트를 위해 우리집 살림 중에서 대부분이 플라스틱인 장난감, 미술용품, 수납 바구니를 '플라스틱 프리'를 외치며 몽땅 갖다 버린 뒤 플라스틱을 대신할 다른 무언가를 찾은 적도 있었다. 플라스틱 수납 바구니 대신 종이가방, 종이봉투, 튼튼한 빈 박스, 분유통, 나무박스 등이 있지만 물건을 수납하거나 사용면에서 여간 불편한 것이 아니다. 냉장고에 종이박스를 넣어 식재료를 보관하였지만 종이박스는 습기와 물을 먹어 형태를 유지하기가 어려워 결국 새로운 플라스틱 수납 바구니를 다시 샀다. 아이들의 플라스틱 장난감을 죄다 갖다 버렸지만 아이들과 새로운 놀이에 대한 대안을 찾지 못하고 다시 장남감을 찾게 되었다.

'노샴푸'도 선언했지만, 냄새에 예민하고 머리숱도 많으며 정기적으로 염색과 파마를 하는 나에게는 극한도전이었다. 샴푸를 사용하지 않았지만, 냄새와 머리 관리가 되지 않아서 평소에는 잘 사용하지 않는 헤어 오일을 구매하고 있는 것이다. 이럴 바엔 그냥 샴푸를 쓰는 것이 낫지 않을까?

지구를 위한답시고 내가 저지른 만행들을 반성하며 제로웨이스트 삶 중에서도 내가 오래 지속할 수 있는 것을 찾아 늘려 보는 것이 나와 지구를 위한 최선의 선택이라 생각했다.

모든 사람들이 '정답'이라고 하니까 추천하는 수납용품 등을 구입했다. 하지만 정리와 수납을 제대로 배워보지도 않고 주먹구구식으로 정리를 하다 보니 수납용품은 제 기능을 하지 못했고 결

국 또 다른 수납용품을 찾아 기웃거리기를 반복했다. 하지만 미니멀라이프를 선언한 후부터 더 이상 수납을 위한 제품 구매는 멈추었다.

대신 버리지 않았던 신발 박스로 아이들의 보물 창고를 만들어 주고, 영양제 박스로 청소용품 보관함으로 탈바꿈시켰다. 보기보다 튼튼했고 장점도 많았던 친환경 보관함이었다. 그렇게 우리 집은 플라스틱 소비를 줄여 나갔고 지금까지 수납을 위한 소비는 없다. 혹시라도 수납용품이 필요해지면 지인의 집 정리를 도와주고 나오는 바구니나 박스를 가져와 정리정돈을 했다.

재봉틀을 돌려 인형을 만들어 주는 손재주 있는 엄마가 아니고, 다양한 재활용품이나 자연재료들로 엄마표 미술 놀이를 하고 앉아 있을 시간과 체력, 열정이 떨어지는 엄마이기에 지금 가지고 놀고 있는 장난감을 최대한 관리하며 나눔이 필요한 곳에 드림을 하고, 생일, 크리스마스처럼 특별한 이벤트에만 장난감을 사기로 하였다. 대신 책으로 관심을 돌리고 있다.

특히나 아이들에게는 어렸을 때부터 자연스럽게 환경을 생각하는 습관을 만들어주고 싶어 생활 속에서 실천할 수 있는 것부터 차근차근 실행해 나가고 있다. 사용했던 물건은 끝까지 쓰고 버리기, 이면지에 그림 그리기, 먹을 만큼만 먹기, 외출 시 쓰레기 함부로 버리지 않기, 양치할 때 물 틀어 놓지 말고 양치 컵 사용하기 등 꼬맹이들도 어렵지 않게 지키고 있는 지구를 위한 행동이다.

비록 노샴푸는 실패했지만 주방 세제 대신 설거지 비누를, 고무장갑과 수세미는 천연제품을 선택하여 잘 쓰고 있다. 일회용품의 사용은 최대한 배재하고 옥수수 전분 빨대, 실리콘 랩, 종이호일로 대신하고 있다. 식재료를 소분할 때도 비닐봉지 대신 반찬통을 사용하며, 종이컵보다 텀블러를, 장바구니를 가지고 다니며 장을 보고 '용기내 챌린지'도 도전하고 있다.

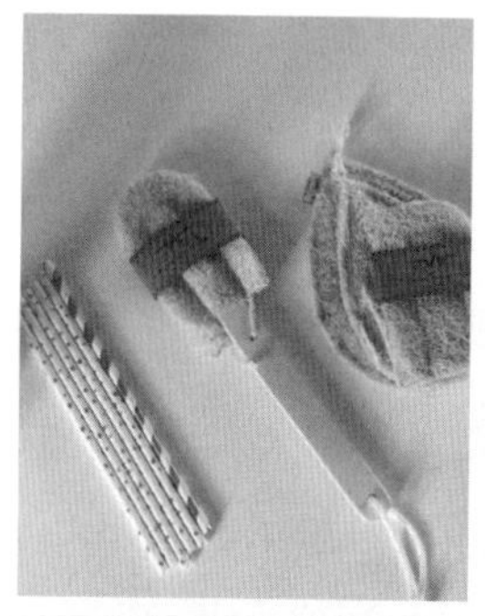

NIKE

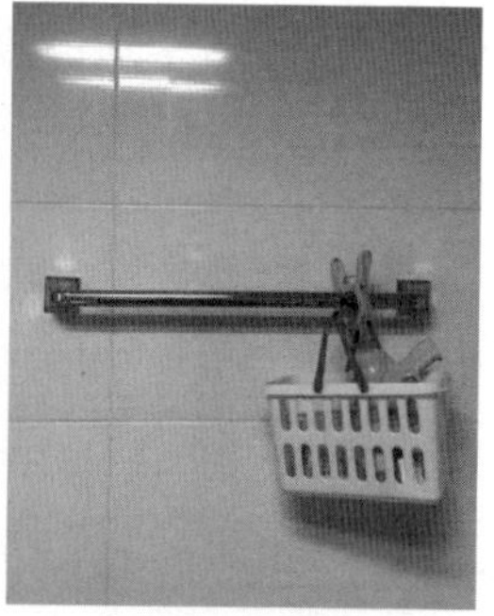

예전에는 지구가 병이 들든 말든 '나 하나쯤이야' 하는 생각을 했던 사람이었다. 하지만 아이를 낳아 키우면서 환경 문제의 심각성에 대해 실감하는 중이다. 뼛속부터 제로웨이스트가 아니기에 내가 할 수 있는 최소의 노력을 하는 중인데 그중 하나가 물건을 끝까지 쓰고 제대로 버리는 것이다. 예전에는 치약도 중간부터 꾹꾹 눌러 대충 사용했지만, 이제는 치약 끝을 돌돌 마는 것도 모자라 치약을 반으로 잘라 칫솔질을 하고 치약으로 할 수 있는 청소법을 찾아 본 뒤 세탁조와 화장실 청소까지 하고 있는 내 모습이 우습기도 하고 대견하기도 하다.

나 하나의 노력으로 이미 병든 지구가 회복될 리 없겠지만 최선의 노력을 하고 있는 중이다. 여러분도 각자의 기준에서 오랫동안 실천할 수 있는 제로웨이스트를 찾아 하나씩 시작해 보자.

'지구를 위함'에서 시작하지만 결국 '나와 내 가족을 위함'이라는 것을 잊지 말자.

장비보다 중요한 것은 습관입니다

"써니님, 그 물건 있으면 저희 집도 정리가 잘 될까요?"

"그 물건이 있으면 우리집도 깨끗해질까요?"

생각보다 많은 분들이 우리집의 공간보다 공간을 채우고 있는 정리템이나 청소템을 묻는다. 그 물건이 있으니 정리가 잘 되어 있는 집처럼 보여서일까? 그래서 이미 수납을 할 수 있는 물건이 차고 넘침에도 불구하고 남이 가진 새로운 정리템을 사서 정리를 시작한다.

아무리 신박한 정리템과 청소템이 있어도 결국 물건일 뿐이다. 우리의 생활에 도움을 주는 것은 사실이지만 결국 '그'들도 사람의 손과 발이 닿아야 한다. 그들도 우리가 생명력을 불어 줄 때 편리함을 선사해 준다.

먼지를 자주 닦지 않는 사람에게 먼지를 닦아 주는 기계가 있다 한들 무슨 의미가 있을까? 먼지를 자주 닦는 사람에게는 조그마한 손수건 하나도 근사한 청소용품이 되어 준다. 손수건 하나로 집안이 빛날 수 있는 것은 먼지를 틈틈이 닦아 주기 때문이다.

우리집은 청소기가 없는 집이다. 처음부터 청소기가 없었던 것은 아니었다. 신혼살림으로 장만했었던 유선 청소기가 고장이 나서 새로운 청소기를 들여야 했는데 마침 친구네 집에 무선 청소기가 있었다. 청소를 할 때마다 멀티탭 선을 가져와 전기선을 꼽고 전기선 위치를 바꿔가며 청소해야 하는 번거로움이 힘들었던 나에게 무선 청소기는 '유레카'였다.

하지만 고가의 장비다 보니 구매를 망설이다 시댁의 가성비 갑

무선 청소기를 직접 체험하고 나서 구매를 했는데 몇 달 동안은 잘 사용했다. 하지만 먼지 통을 비워서 씻어 말리고 관리하는 일이 차츰 귀찮아졌다. 먼지나 부스러기보다는 머리카락이 더 많이 떨어지는 집이라 먼지 브러시에 달라붙어 있는 머리카락을 손으로 일일이 제거를 하거나 가구 밑 먼지를 제거하는 것도 불편했다.

오히려 밀대에 정전기 부직포를 부착해 이곳저곳 쓱쓱 밀고 다니는 청소가 내게 훨씬 편했다. 이른 아침이든 늦은 밤이든 층간 소음 문제도 없고 먼지가 눈에 확연히 보여 청소하는 맛(?)이 있었다. 무엇보다 머리카락이 많이 떨어지는 우리집에 가장 제격인 청소기는 정전기 부직포라는 사실을, 유·무선 청소기를 사용해 보면서 확실히 느꼈다.

밀대 청소가 청소 시간을 단축시키고 큰 힘이 들지 않으니 평소보다 자주 바닥을 쓸고 다녔다. 언제든지 마음만 먹으면 모든 청소와 정리가 10분이면 끝나는 집에 사는 우리는 100만 원이 넘는 청소기보다 2,000원짜리 정전기 부직포 밀대가 최고의 장비가 되었다.

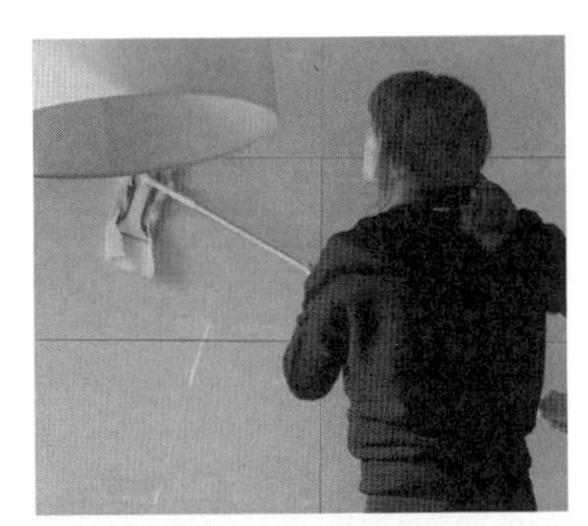

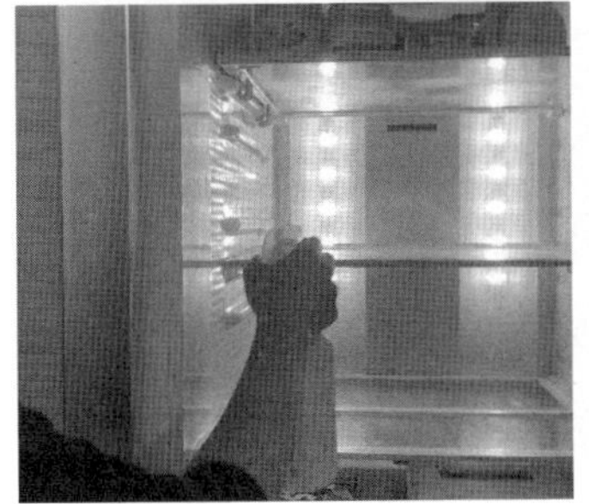

"대청소 매일 하지? 화장실이 어쩜 볼 때마다 깨끗해?"
"샤워 매일 하지? 샤워하면서 매일 짧게라도 청소하니까~"

우리집에 방문한 친구나 지인은 화장실에 들어 갈 때마다

"어쩜 분홍 물때랑 물기가 하나도 없어?"
"사람 사는 집 맞아?"
"애기 키우는 집 맞아?"
"화장실에서 밥 먹어도 되겠다."

감탄할 만큼 깨끗한 화장실의 모습에 경악을 금치 못한다. 게다가 대부분의 질문들이 청소 세제나 용품을 궁금해 한다. 하지만 특별한 세제나 용품을 사용하기보다는 샤워볼이나 화장실 전용 수세미에 치약이나 샴푸를 묻혀 청소를 하는 정도다.

집에서 자주 물이 닿고 습한 곳이 화장실인데 신경을 덜 쓰면 바로 분홍 물때와 곰팡이가 자라는 곳이 화장실이다. 신혼 초 화장실 청소는 남편 담당이었다. 청소와 정리보다 그저 화장실을 예쁘게만 꾸미는 것에 목을 맸던 시절이라 물기가 있든 말든 곰팡이나 물때가 가득해도 그곳은 내 담당 구역이 아니라는 생각에

무신경했다.

반면 화장실에서 샤워만 하고 몸만 휙 빠져 나오는 나와 달리 남편은 샤워를 하고 나올 때면 늘 수전 위, 바닥의 물기를 스퀴지로 닦고 나왔다.

"아니, 그냥 화장실 문 열어 놓으면 자연스럽게 물기는 마를 텐데, 왜 꼭 저렇게까지 해야 할까?"

남편의 이해할 수 없는 샤워 후 물기 제거 루틴에 교집합을 찾지 못한 채 아이는 태어났고 화장실에서 아이 목욕을 시키면서 자연스레 남편 담당이었던 화장실 청소가 내 몫이 되었다. 커다란 욕조를 들고 나르고, 아이를 안고 씻기면서 바닥에 흥건한 물기 때문에 미끄러질 뻔한 적이 한두 번이 아니었다. 게다가 물때와 곰팡이가 눈에 거슬리기 시작했다.

그때부터 우리집 화장실을 건식으로 사용해야겠다는 생각으로 다른 청소보다 물기 박멸에 최선을 다했다. 독한 세제를 쓰지 못하겠어서 치약과 샴푸로 화장실 청소를 했는데, 거품도 잘 나는 데다 웬만한 물때 제거가 쉽게 되었다.

화장실 청소전용 솔보다 쓰다 버릴 샤워볼이 청소하는 데 힘도 덜 들고 훨씬 편했다. 예쁜 화장실을 만들어 보겠다고 애쓰고 살았던 수전 위를 가득 채운 장식품과 의식하지 못한 채 그냥 올려 두고 사용했던 치약, 폼클렌징, 샴푸, 린스통, 가글 제품들도 수납장 속 제자리를 찾아 넣어 두었더니 샤워 후 수건으로 물기만 슥 닦아 주면 수전 위가 늘 반짝였다. 물기 박멸을 위해 매일 하게 된 나의 작은 청소 루틴이 쌓여 화장실은 대청소가 필요 없는 곳이 되었고, 우리집 화장실은 늘 보송하고 물때와 곰팡이가 살아가기 힘든 곳이 되었다.

깔끔하고 정리가 잘된 집을 위해서는 특별한 장비가 필요하지 않다는 것을 깨닫고 장비를 검색하는 대신 나의 습관과 루틴을 정비하기 시작했다. 압축봉을 이용해서 키친 타올과 비닐 팩을 수납하는 것처럼 자신의 신박한 아이디어만 있으면 웬만한 장비보다 낫다.

하루가 멀다 하고 새로운 것들이 쏟아지지만 흔들리지 않았으면 좋겠다. 제아무리 수직 상승템이 우리집에 온다고 해도 그것을 사용하는 사람의 습관이 달라지지 않으면 내가 사들인 신박템은 또다시 추가되는 돈지랄템일 뿐이니 말이다. 지금 장바구니에 담아 놓은 수직 상승 뉴 템이 있다면 시원하게 삭제하길 바란다. 아무리 뛰어난 수직 상승템도 그것을 잘 활용하는 사람에게나 효과 만점의 수직 상승템인 것이다.

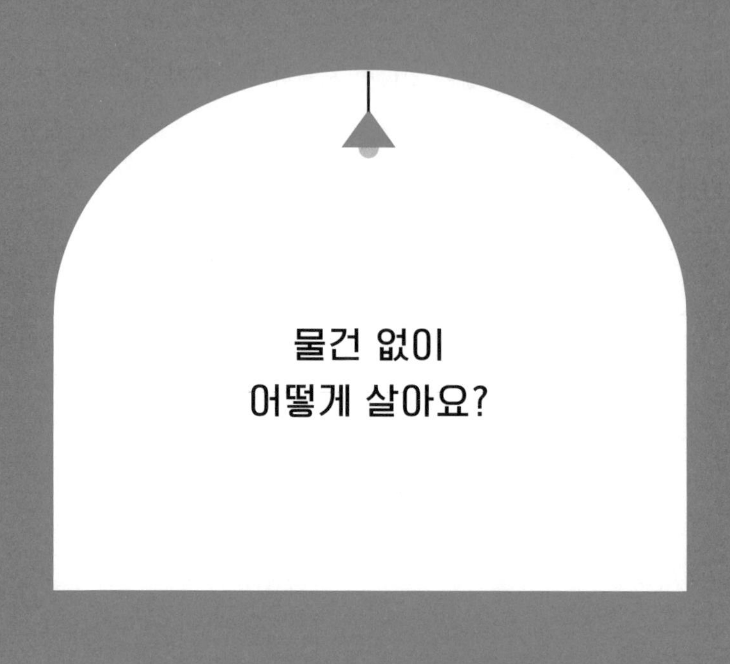

물건 없이 어떻게 살아요?

일상생활에 필요한 최소한의 물건만을 두고 살아가는 삶이라 이야기하고 있지만, 물건을 갖다 버리고 없이 사는 삶을 미니멀라이프로 착각하는 사람이 있다. 그래서 나처럼 물건이 많은 사람이 하는 미니멀라이프는 가짜라고 비난하고 미니멀리스트를 흉내 내며 사는 사람이라면서 조롱하기도 한다.

비움이 가지는 강박증 중 하나는 내가 소유하고 있는 것들을 모두 버리는 것이다. 하지만 그렇게 눌린 욕구가 어느 순간 갑자기 터지기라도 하면 그동안 꽉 잡고 있던 소비욕의 브레이크가 풀려 필요하지도 않는 물건을 사며 '힐링'을 외쳐대고 '탕진잼' 엑셀을 밟는다. 결국 통장 잔액에 뒷목을 잡고 엉망진창이 된 공간을 본 뒤에야 미니멀라이프만이 살 길이라 생각하며 또다시 사둔 물건을 죄다 버리며 죄의식을 갖고 살다가 인생에 '현타'가 올 때면 다시 소비를 하며 미니멀라이프 강박 쳇바퀴를 굴리며 지낸다.

또 하나의 강박은 미니멀라이프를 실천하고 있는 사람도 필요한 물건이 생기기 마련인데 물건을 사는데 돈을 소비하고 공간을 내어주는 데 죄의식을 갖는다는 것이다. 인간이 필요로 하는 기본 의식주를 위해 반드시 들여야 하는 살림이 있다. 생활을 편리하게 만드는 물건을 사는 것에 왜 죄의식을 가져야 하는 걸까?

어떤 다큐를 봤는데, 이제는 오지에 사는 사람들도 냉장고와 텔레비전이 있고 옷을 입고 다녔다. 물건을 사들인다는 것에 죄의식을 가지며 필요한 것을 완벽하게 차단하며 사는 삶이 과연 행복할까?

나의 미니멀라이프는 소비를 차단하는 것이 아닌 통제하는 삶이다. 소비에는 좋은 소비와 나쁜 소비가 있다. 모든 소비가 나쁜 것은 아니다. 내게 꼭 필요한 물건을 사는 소비는 좋은 소비다. 단 내가 생각한 예산에 맞는 물건인지, 물건이 들어올 공간은 확보가 되었는지, 취향에 맞는 물건인지를 끊임없이 고민한 뒤에 결정한 물건은, 쉽게 버리지도 않고 오래오래 내 곁에 남아 나를 돕는 살림이 되어 주었다.

그리고 가치와 투자를 위한 소비에는 공간을 기꺼이 내어주고 제대로 지갑을 연다. 취미생활로 라탄 공예와 캔들을 만든다고 하니 그 많은 재료를 어디에 보관하고 그 돈이 아깝지 않냐 묻는 사람이 있었다. 취미생활 재료를 구매할 때도 예산 안에서 소비하고 보관할 공간이 확보되었을 때 구매한다. 취미생활을 위해 돈과 공간을 내어주고 있지만 1년 넘게 사용하지 않으면 결국 비워야 할 쓰레기일 뿐이다. 쓰레기에 공간을 내어주고 돈을 소비할 가치가 있을까? 취미생활도 지속 가능해야 한다.

자기계발에 쓰는 소비는 좋은 소비임에 틀림없다. 미래를 위한 투자이자 생산적인 일로 이어질 가능성이 크다. 하지만 자기계발이 나쁜 소비로 변하게 되는 데는 종이 한 장 차이다. 뭔가 자랑할 만한 '있어빌리티 자기계발러'로 보이고자 장비부터 들여 놓는 것이다. 미친 듯이 나름의 노력은 하는데 진전이 보이지 않으니 장비 탓을 하며 좀 더 고가의 장비를 들인다. 그런데도 발전이 없다 느껴지면 또 다른 최고가 장비를 들이기 위해 소비한다. 자기계발을 위해 사들인 물건으로 다시 탑을 쌓고 들인 돈과 시간이 아까워 중고 판매도 하지도 못한 채 이고 지고 산다.

지금까지 어떤 노력을 했는지 돌아보길 바란다. 그저 물건을 사들이는 노력은 아닌지를 말이다. 6년 넘게 인스타그램을 운영하고, 2년 넘게 유튜브 채널을 운영하면서 지금도 휴대폰으로 사진과 영상을 찍고 앱으로 보정과 편집을 한다. 그 어떤 고가 장비보다 내 손에 익숙해진 휴대폰으로 모든 것을 해결하고 있다.

자기계발의 폭이 예전과 달리 굉장히 자유롭고 넓어졌다. 단지 물건이나 장비에 기댈 필요는 없다. 요즘 많이들 선택하는 가성비 갑 자기계발에 '살림력 키우기'가 있다. 물론 살림력이 무슨 자기계발이냐고 물어보는 사람도 있을 것이다. 하지만 물건이 쌓일 틈 없이 적재적소에 물건을 정리하고 정돈하는 능력은 그 어떤 것보다 성취감이 좋은 자기계발 중의 하나로 손꼽힌다.

나는 물건 없이 살려고 미니멀라이프를 선택한 사람이 아니다. 최소한의 물건을 가지고도 내 삶을 만족하면서 살 수 있는 사람인지 아닌지 알아보고 싶은 사람이다. 비움이 지속될수록 없이 사는 기쁨보다 적게 가지고 사는 기쁨이 무엇인지 아는 사람이 되었다. 또한 필요한 물건이 생겼을 때 세상이 정해 놓은 물건이 아닌 나의 취향을 제대로 알고 선택한 물건들이 무엇인지 아는 사람이다.

나는 비우면서 새로운 것들을 다시 채워 나갔다. 그때서야 나에 대해 제대로 바라볼 수 있었다. 무언가를 갖고 싶을 때는 불필요한 물건을 비우며 사고 싶지 않은 마음을 채우려고 노력했다. 성공하고 싶다는 집착을 덜어낼수록 성장하고 있었다.

불필요한 것은 과감하게 비우고 남겨야 하는 것은 신중하게 채우며 미니멀라이프를 덕질 했더니 내가 머무는 공간을 반짝이게 하고 나를 반듯하게 세워주었다. 지금은 내가 살고 싶은 공간에서 내가 하고 싶은 일을 하며 살고 있다.

여러분도 이제 인생의 주인공이 되어 볼 시간이다. 하루의 소중한 시간에 의미 있는 것들을 하며 사는 것도 부족하고 벅찰 수 있다. 필요 이상으로 갖고 있는 물건들 때문에 에너지와 시간 돈을 빼앗기고 싶지 않다면 정말로 필요한 물건들만 가지고 살아가 보길 바란다. 그래야 '나'를 제대로 바라볼 수 있게 된다.

미니멀라이프 이후 더 이상 사지 않는 물건

인플루언서로 활동하면서 지인들은 농담 반 진담 반으로 '인싸집에 인싸템이 없는 것이 말이 돼?'라고 묻곤 한다. 예전 우리집에도 '인싸템'이라는 것이 있었다. 공간에 대한 취향이나 정리와 연출에 재주가 없던 사람이 바라는 집의 모습은 그냥 인싸홈이었다. '그'들이 갖고 있는 물건을 사서 채워 놓으면 기본 비주얼은 완성되겠다 싶어 검색을 해 보면 인싸홈을 채우는 가구와 살림살이, 소품까지 못생긴 것이 없었고 저렴한 것도 없었다. 그래도 그들이

가지고 있는 물건으로 바꿔야 비슷한 레벨이라도 될 것 같아 무리를 해서 구매했지만, 그저 흉내 내기에만 급급했던 우리집은 인싸홈이 될 가능성이 1%도 없었고, 그들의 물건을 따라 사다가 융단 폭격을 맞았다.

'집이 너무 예뻐요'라는 말 한 마디를 듣고 싶어서 인싸템으로만 연출한 공간을 만들어 놓고 카메라에 담았다. 네모 세상 속 우리집은 인싸홈에 가까워 보였고, '예쁜 집'이라는 소리를 듣고 살았지만 현실에서는 불편하고 공간은 불안했다.

인싸집은 많은 물건을 가지고 살고 있는 데도 정리가 잘 되어 있다. 그런데 우리집은 '왜 정리가 안 되지?' 이리저리 공간 활용도 잘하는 것 같은데 우리집은 '왜 맨날 똑같은 걸까?'를 고민했다. 집이 작아서 문제일까 싶어 좀 더 넓은 집으로 이사를 했지만, 불안한 공간의 확대 그 이상도 이하도 아니었다. 오히려 남편과 아이와의 갈등으로 힘들기만 했다.

비움을 실천하고자 결심하고서 '한때 이것 아니면 안 되는 템'들을 비우면서 만끽하게 된 감정은 '이것이 아니더라도 충분히 괜찮다'는 것이었다. 굳이 필요하지도 않는 물건인데, 좋아하거나 동경하는 사람이 추천한다는 이유로 또는 갖고 있다는 이유로 망설임 없이 구매를 했다. 필요하지도 않은 명품 백을 능력도 안 되는 사람이 신용카드 할부로 구매하고서는 다달이 갚아야 하는 할부금액에 뒷목 잡는 격이었다. 예쁘다고 사봤자 결국 쓰레기일 뿐이었는데 비우기 전에는 무조건 가져야 할 물건이 그것이었다.

우리집 공간을 채우고 있는 물건은 모두 가치가 있었다. 그런데 나의 잘못된 생각 때문에 물건에 의미를 부여하지 못했고, 취향을 운운하며 마음까지 바꿔가며 물건을 비우고 돈과 시간 에너지를 그냥 흘려보냈다. 이제는 무의미하게 흘려보내지 않을 뿐더러 공간에 대한 생각도 바뀌어 오로지 예쁜 집을 만드는 데 전부를 쓰지 않는다.

일상이 심심하고 무기력하다 보니 자꾸만 무언가를 사면서 무료함을 달래던 그때, 인생은 노잼이었고 그 어떤 목적이나 목표도 없이 맨날 쇼핑몰을 들락거리며 물건을 구매했다. 평소에는 먹지도 않는 음식까지 구매했고, 생필품이 넘쳐나는 데도 새로운 제품은 꼭 써봐야 직성이 풀렸다.

그런데 막상 상품을 받고 보면, 집에 있거나 굳이 안 사도 되는 물건인 경우가 다반사였다. 그렇게 쌓인 물건은 사용도 판매도 하지 못한 채 쓰레기가 되었다. 버려지는 물건을 보며 죄책감이 들었고, 나는 더 이상 미래에 '쓸' 물건에 돈도 공간도 내어 주지 않기로 하였다. '언젠가'를 위해 미리 소비를 한다면, 아무리 작은 부분이라도 두둑한 통장과 여유가 넘치는 공간은 점점 멀어질 수밖에 없다. 돈을 써가며 나를 불쌍하게 만드는 것이고 병들게 하는 것이다.

지금까지 네 번의 이사를 다니면서 신혼집부터 주방 한 켠을 채우고 있는 살림이 식기 건조대다. 나에게 식기 건조대는 무조건 필요한 살림이었지만 집안일을 자주 미루고 방치하면서 식기 건조대에 그릇이 쌓이면 쌓인 채로 두고 살았다.

그러던 어느 날 지인 집을 방문했는데 식기 건조대가 없었다. 깔끔한 주방 환경을 위해서 식기 건조대를 없앴다고 했다. 지인의 이야기에 막상 우리집 주방을 보니 무질서한 그릇과 냄비, 식기류, 내려앉은 먼지까지 너무나 어수선해 보였다. 그렇다고 식기 건조대를 없앨 수는 없어서 그릇 몇 개만 상부장에 넣어 정리를 했고, 식기 건조대 위 그릇 쌓기는 그릇 몇 개가 비워지며 고정관념까지 와르르 무너지면서 비워질 수 있는 살림이 되었다. 요즘에는 그릇이 많은 날에는 남겨 놓은 간이 건조대나 키친 타올

로 대신하기도 했다.

나는 지금도 내 인생에서 더 이상 사지 않을 물건의 종류를 더해 간다. 크리스마스가 지나면 늘 쓰레기통으로 직행하던 크리스마스 트리도, 재작년 크리스마스 때부터 더 이상 사지 않아도 될 물건 목록에 보태졌다. 대신 우리집 유일의 식물인 뱅갈고무 나뭇가지에 아이들이 만든 오너먼트를 달아 꾸미기 시작했는데, 천장을 뚫을 만큼 커다랗고 반짝거리는 트리는 아니지만 이 세상에 유일무이 특별한 트리가 되어 크리스마스를 즐긴다.

미니멀라이프 이전에는 버려지는 물건의 개념이 그저 쓰레기였는데, 이제는 더 이상 사지 않는 물건의 기준이 되었고 나는 그 기준에 맞춰 소비를 통제하며 공간을 가꾸어 간다.

m i n i m a l
s u n n y

4장

가벼운 삶을 만드는 미니멀라이프

버리고 바꾸고 새로 사면 다시는 안 살 거야?

오늘도 드라이기로 머리를 말린다. 신혼가전을 구입할 때 사은품으로 받은 드라이기, 벌써 10년째 함께 하고 있는 가전이다. 머리를 말리는 용도로만 사용하고 있는 드라이기다 보니 성능은 다 거기서 거기겠지만, 요즘 유행하는 유명 드라이기와 비교하면 우리집 드라이기가 세상 못생겨 보이고 성능도 떨어지는 것 같다.

'드라이기 유목민도 ○○○을 들이면 정착한다던데 한번 바꿔

봐?'라며 온라인 장바구니에 넣어 놓고는 지금 사용하고 있는 드라이기는 '그래, 언젠가 필요할지 모르니까 남겨 두자'며 킵 해둔다. 새로 구매한 ○○○ 드라이기를 사용하다가 또 다른 뛰어난 디자인과 성능을 가진 드라이기가 나를 현혹시킨다. 나는 또 지금의 드라이기가 또 못마땅해 언젠가 쓸 수 있는 살림에 킵 해두고 새로운 드라이기를 산다.

나는 빵순이, 프라이팬 하나에 버터를 살짝 두른 뒤 식빵을 구워 먹는다. 맛이 나쁘지 않다. 그런데 죽은 빵도 살린다는 ○○○ 토스트기가 갑자기 눈에 띈다. 죽은 빵도 살린다는 문구보다 하얗고 영롱한 자태를 풍기는 디자인에 홀렸다. 식빵 하나 굽는다는 기능이 다지만, 영롱한 자태를 뽐어대는 토스트기를 들이면 우리집 주방의 인테리어 '뽀대'가 줄줄 흐르는 집이 될 것만 같다.

블랙 프라이팬보다 ○○○ 토스트기에서 꺼낸 식빵은 더 예쁠 것 같고 맛있을 것 같다. 그리고 무엇보다 그냥 토스트기도 아닌 ○○○ 토스트기에서 꺼낸 빵 한 조각 배어 무는 나의 모습은 귀티가 좔좔 흐를 것 같다.

나는 음악을 좋아하는 사람이다. 좋아하는 가수의 노래를 플레이리스트에 담아 듣다 보면 하루에 쌓인 피로와 기분을 달래며 힐링한다. 별다른 스피커 없이 휴대폰 스피커로 음악을 듣거나 이어폰에 의존해 음악 감상을 즐긴다. 음질이 조금 떨어지는 느낌이지만 감성을 방해하는 요소가 되지 않는다. 그런데 갑자기 ○○○ 스피커가 나를 홀린다. 예쁘다는 집 10곳 중 8집은 있다는 그 스피커가 없는 우리집이 갑자기 초라해 보이고, 휴대폰 스피커로 음악을 듣는 내 모습이 초라해 보인다. 음질도 디자인도 잘 알지 못하는 사람이 갑자기 ○○○ 스피커를 위시리스트 장바구니에 넣어놓는다.

작은 냄비 하나로 물을 끓인다. 가격도 착한 데다 내구성도 좋아 벌써 6년째 함께 하고 있는 살림이다. 그런데 하얗고 뽀얀 자태의 법랑 주전자가 두 눈에 들어온다. 예쁜 집에는 모두 하얀 법랑 주전자가 보인다. 하얀 인덕션 위에 놓인 법랑 주전자가 없는 우리 집이, 냄비 하나에 물을 끓이며 살고 있는 내가 세상 초라해 보인다. 나는 또 냄비를 버리고 하얀 법랑 주전자를 장바구니에 담아 놓는다.

거실장 없이 살고 지낸 지 6년째, 내 손으로 비운 가구 중에 가장 만족스러웠던 살림이 거실장이었다. 그런데 갑자기 미드센츄리 인테리어 가구에 시선이 멈춘다. 딱히 내 취향도 아니고, 우리 집에 필요한 가구도 아닌데 인싸템이라고 하니까 하나 정도는 괜찮지 않을까, 사두면 어떻게든 쓰지 않을까 싶어 장바구니에 넣어 놓는다.

작년 이맘 때 즈음 취미생활로 라탄 공예에 빠져 있을 때 아이 책상에 놓아 줄 조명을 만들어 주고 싶었다. 수면 독립을 위해서였고 뭔가 의미가 있을 것 같아서 정성을 들여 라탄 조명을 직접 만들었다. 그런데 갑자기 라탄 조명이 세상 없어 보이고 초라해 보인다. 버섯 모양 주황색 조명이 내 눈을 사로잡은 것이다.

아이를 위해 만들어준 조명의 가격은 재료값으로 2만 원도 들지 않았는데, 주황색 버섯 모양 조명은 그보다 10배가 비싸다. 주황색 버섯 조명을 사줬으면 우리 딸 책상이 더 빛났을 텐데, 내가 만들어준 라탄 조명을 당장 버리고 싶다. 나는 그렇게 또 먹지도 못하는 주황색 버섯을 장바구니에 담아 놓는다.

오래전에 사용했던 노트북의 고장이 잦아 새로운 노트북 하나를 장만했다. 유튜브 수익을 차곡차곡 모아 나를 위한 선물이라 생각하고 구매를 하기로 했는데, 워낙 기계치에다 컴알못이라 다른 가전은 그렇다 쳐도 노트북은 남편에게 구매 결정권을 넘기고 나는 시원하게 돈만 투자하기로 했다. 마음속으로는 그래 '내돈내산'에 마누라 취향인 '화이트 그램'을 잘 알겠지 싶었지만 내 손에 들린 노트북은 실버 노트북이었다.

마음 같아선 당장 다른 것으로 바꾸고 '다시 사자' 싶었지만 취향이 아닌 노트북 색깔이 내 눈에 거슬릴 뿐, 사용하는 데 아무 불편함이 없다. 가끔 지인들이 농담반 진담반으로 '잘나가는 인싸집에 맥 하나 정도는 있어줘야 하지 않아요?'라고 물으면 괜히 마음이 들떠서 '맞아, 인싸집에 맥은 있어야 진정한 인싸집이지'라며 나는 그렇게 또 장바구니에 맥을 담아 놓는다.

내가 미니멀라이프를 실천하지 않았더라면 장바구니에 담아 놓은 위시리스트 목록을 망설임 없이 구매했을 것이다. 위시리스트 구매 목록에 담겨진 물건을 하나둘씩 지워 나갈 때마다 희열을 느꼈을 것이고 그 물건을 사용할 때마다 '사길 잘했다' 혹은 '바꾸길 잘했다' 하면서 뿌듯했을지도 모른다.

하지만 이내 지겨워졌을 것이고 또 다른 물건이 나오면 새로운 위시리스트를 만들어 망설임 없이 구매를 한 뒤 만족이 채 가

시기도 전에 새 물건이 나오면 궁금하니까 사고, 지겨워지면 바꾸고 싶으니까 버리는, 그런 소비 패턴에 변함이 없었을 거다. 그런 사람이 미니멀라이프를 하겠다고 했을 때, 남편은 "버리고 바꾸고 새로 사면 다시는 안 살 거야? 그럴 자신 없으면 아예 시작도 하지 마!"라며 단단히 '단도리'를 쳤다.

그런데 기적이자 변화는, 비움을 실천할수록 마음에 드는 물건이 나올 때마다 바꾸고 싶어서 잘 사용하고 있는 물건을 버리는 일도, 필요한 물건이 생겨도 새로 사는 일도 줄어들었다. 비움 생활을 하며 남긴 물건에 대한 애정이 없었다면 아마 ○○○ 드라이기, ○○○ 스피커, 하얀 법랑 주전자, 미드센츄리 거실장, 버섯 모양 조명이 이미 우리집에 와서 또 다른 공간을 채우고 있었을 것이다. 그 물건들은 변덕이 심하고 물건 욕심이 많은 내게 버려지지 않고 끝까지 함께 할 살림이었을까?

지금까지 나는 물건을 대할 때마다 오류를 범하고 있었다. 내게 남겨져 있는 물건은 이미 다양한 곳에서 자주 쓰임을 당하고 있었는 데도 오래된 물건을 바라보는 나의 눈이 잘못 되었고,물건에게 취향을 운운하며 면죄부를 뒤집어 쓴 가치관의 오류였 다. 그래서 그렇게 물건을 자주 바꾸고 싶어 했는지도 모른다

새로운 물건이 생기면 또다시 채우고 싶은데 그냥 버리기엔 양심에 찔리는 것 같아 중고 판매를 하고 그 돈으로 다시 물건을 사 모았다. 그렇게 또 다른 사치를 부렸다.

그런데 미니멀라이프를 실천하면서 물건을 바라보는 가치관이 달라지기 시작했다. 오래된 물건도 관리를 잘하고 애정을 주면 값어치가 생긴다는 사실을 말이다. 내 취향이 듬뿍 담긴 물건이 아니라도 나와 가족을 위해 매일 열일하고 있었는데 나는 미처 알지 못했다.

'버리고 바꾸고 새로 사면 다시는 안 살 거야?'라고 말했던 남편이 이제는 '자기가 필요하다는데 고민하지 말고 사야지'라고 말한다. 틈만 나면 물건을 바꿔치기 했던 물욕이 넘치던 와이프를 만났다가 미니멀라이프를 시작하면서 물욕이 줄어든 와이프와 살고 있는 매일이 아마도 기적 체험의 연속일 것이다. 나도 내가 매일 놀랍다.

1일 1비움을 했더니 남편이 바뀌었다

"군복이랑 깔깔이 버려도 될 것 같다."

와이프가 한참 미니멀라이프에 심취해 있을 때 매일을 필요 없는 물건이라면서 비우는 모습을 보며 적잖이 이해하기 힘들었을 것이다. '한 번 들어온 물건은 무슨 일이 있어도 지킨다'는 신념을 가진 사람이어서 저렇게 비울 거면 뭐하려고 산 건지 이해하기가 힘들었을 지도 모른다.

남편 몰래, 남편의 안 입는 옷, 작아진 옷, 전공 서적을 비우면서 물건이 많았을 때는 비움의 표가 잘 나지 않기에 남편의 의사와 상관없이 나의 판단으로 꾸준히 몰래 비웠는데, 남편 눈에 물건의 비움이 파악이 될 때쯤 우리 부부는 4주 후에 '정말' 판사님을 뵐 뻔했다.

그 후로 내 물건만 비우기로 했고 남편의 물건은 허락 없이 비우지 않기로 하였다. 내 눈에는 가싯거리인 남편의 남겨진 물건을 뒤로 한 채 1년 동안 내 물건만 비우고 살았다.

그러던 그가 대뜸 "군화는 비울 수 있을 것 같아"라며 말을 건넸다. 당장이라도 1+1으로 군복까지 비우면 좋겠다 싶었지만, 군화마저 안 비운다고 할까봐 "그래, 군화를 버리려고 마음먹었어? 대단하다 남편"이라며 마음이 바뀌기 전에 빨리 비움을 서두르자고 재촉했다. 남편은 군화 앞에서 많은 생각을 하는가 싶더니 재활용 봉투 속으로 추억을 비웠다.

"군화 가지고 있어봤자 뭐하겠어! 나한테 조금만 더 시간을 주면 군복도 비워 볼게."

평소 물건은 적게 가져도 충분하다 생각하며 살아가는 사람이지만, 버리는 것은 극도로 싫어해서 스스로 군화를 버린 남편의 마음을 헤아릴 수 있었다. 그러면서도 계획대로 되고 있다며 속으로 쾌재를 불렀고, 얼마 지나지 않아 군복이랑 깔깔이도 버리겠다는 남편의 선언과 몸에 맞지도 않은 군복을 한 번 입어보고, 부대 마크를 쓰담쓰담 하고서는 거울로 자신을 바라본 뒤에서야 먼지 잔뜩 묻은 군복과 깔깔이와의 이별식을 마쳤다. 그래도 군번줄은 절대 못 버리겠다고 하기에 추억 보관함에 간직하며 지금까지도 남편이 절대 버리지 못할 물건으로 남았다.

남편의 사전에는 불필요한 물건은 없는 사람이었다. 가진 물건들 중에 불필요한 물건이 어디 있냐고 필요로 구매했던 물건들이니까 놔두면 언젠가는 또 제 몫을 할 때가 올 테니 절대 비우면 안 된다고 했던 사람이었다. 그런 남편이 선뜻 남겨야 할 물건과 비울 물건을 분류하기 시작한 거다. 거들떠보지 않았던 물건부터 시작해서 전공 서적, 스스로 알아보기 힘든 수준인 낙서 가득했던 연습장과 수첩, 택도 뜯지 않고 모셔 둔 셔츠들, 고등학교 때부터 입었다던 후드 티, 연애 때 내가 사줬던 본인 취향이 아니라고 했던 티셔츠, 볼펜, 명함, 쓰지 않은 카드, 영수증을 버리면서 내가 미처 비우지 못했던 살림을 남편의 손으로 비우기 시작했다.

"물건을 비우는 것이 죄를 짓는 것 같았는데, 막상 비워보니 또 아무렇지가 않네?"

나와 다른 개념에서 미니멀리스트의 삶을 지향했던 남편이 점점 와이프의 미니멀리스트 삶을 지지해줬지만, 지금까지도 절대로 타협이 안 되는 것은 '내 물건은 내가 비운다'이다.

내 기준에서 저 물건은 비워도 충분하다 싶은 살림이 집안 곳곳 도사리고 있지만 남편의 비움을 존중하고 응원하기에 그대로 둔다. 불꽃이 일어야지만 결단해주는 쪽이라 시간을 두고 지켜보는 중이다. 그래도 조금씩 비워지는 물건만큼 우리 사이에는 신뢰가 채워지고 있음을 느낀다.

1일 1비움을 했더니 아이가 바뀌었다

"엄마, 이거 피아노랑 화장대 안 가지고 노니까 아가 동생 주고 싶은데~"

비움 2년차 큰딸이 7살이 되던 해, 장난감 방으로 나를 부르더니 이렇게 이야기하는 거다.

"왜? 이제 줘도 괜찮겠어?"

"응, 어차피 안 가지고 노는 거니까 줘도 괜찮아~"

지금 생각해 보면 아이가 가지고 놀지 않는 장난감이 방 한가득 쌓여 있었음에도 할머니, 할아버지께 선물 받은 거니까, 첫 생일 기념으로 사준 거니까, 비싸게 주고 산 거니까라며 온갖 추억을 핑계로 비우지 못한 장난감이 산을 이루었다.

솔직히 말해 아이방의 살림은 내 아이에게 사주고 싶은 장난감이 아니라 어렸을 적 내가 갖지 못했던 장난감을 아이에게 대신 사주며 나의 로망을 채운 것도 있다. 그래서 아이 물건은 쉽게 비우지도 못했다.

하지만 본격적으로 미니멀라이프를 실천하면서부터 로망 타령하다 공간 하나를 잃어버리겠다 싶어 추억 감성에 젖은 장난감을 하나둘씩 비워나갔다. 처음에는 아이 모르게 관심에서 멀어진 장난감 위주로 비움을 시작했는데, 어느 순간 딸아이가 장난감이 없어진 것을 보고 자지러지게 우는 바람에 숨겨 두었던 장난감을 다시 꺼내 주면서 아이를 이해시켜야 했다.

"버려지는 게 아니라 이제 가지고 놀지 않으니까 필요한 사람에게 주면 좋지 않을까? 너도 언니가 장난감 준 적 있잖아. 그 언니도 이 장난감이 그런 이유였을 거야. 이제 자기가 가지고 놀지 않으니 좋아하는 너에게 준 거 아닐까? 네가 잘 가지고 놀아 주었으면 하고 말이야."

가만히 듣고 생각에 잠기는 것 같더니 이내 눈물을 훔치고는 말했다.

"나도 그럼 내가 좋아하는 동생한테 줄 장난감 챙겨 볼게."

아이에게 슬며시 미니멀라이프의 선한 영향력을 전달하고 난 뒤 우리는 주기적으로 가지고 놀지 않는 장난감, 필요 없는 학용품, 작아진 옷과 신발을 필요한 사람에게 나눔 하면서 자연스럽게 필요 없는 물건의 선순환을 알려주었다. 자연스레 둘째도 배웠는지 자진해서 잘 안 가지고 노는 장남감을 동생에게 준다며 장난감 바구니 안에서 보물단지를 꺼내 들고 온다.

내가 미니멀라이프를 실천하게 될 때 나 아닌 내 가족은 물건 소유욕이 넘치니 절대 비우지 못할 것으로 생각했지만, 비움 생활이 꽤 오래 지속되면서 알게 모르게 가족에게 미니멀라이프

를 스며들게 했다. 미니멀라이프를 시작하긴 했지만 가족 개개인의 소중함을 존중하며 간섭하지 않고 지켜주면서 나만 좋아서 하는 미니멀라이프가 아닌 가족 모두가 행복한 미니멀라이프를 하게 된 것 같아 나의 필연적인 선택에 다시 한 번 고맙다.

미니멀라이프를 하면 달라질 것 같았다

"그거 아나? 나는 쭉 미니멀리스트였다."

물욕이 많았던 와이프가 갑자기 생존을 위해 선택한 최선책이 미니멀라이프라며, 오늘부터 비움을 하겠다고 하니 남편은 자신을 태생적 미니멀리스트라고 칭했다.

생각해 보면 생존을 위해 미니멀리스트의 삶을 선택한 나와 달리 남편은 살아오면서 자연스럽게 몸과 마음에 배인 습관이 쌓여 미니멀리스트화 된 것 같다.

25살, 우리가 연애를 시작하면서 자취생이었던 남편집(구 남친, 현 남편)을 처음 방문했었던 날을 떠올리면 '사람 사는 집 맞아?'라는 말이 딱 어울리는 집이었다.

남편의 자취방은 방 두 개에 거실 겸 주방이 딸린 18평 아파트였는데, 현관문을 열고 들어가면 방 하나에 작고 낮은 서랍장, 서랍장 위에 자그마한 텔레비전 그리고 없었다. 작은 서랍장 맞은편에 잘 개어진 요 하나와 이불, 베개가 있었고, 방 하나는 옷방으로 쓰고 있었는데 행거 하나와 5단 플라스틱 서랍장이 다였다.

행거에 걸려 있는 옷은 군복, 점퍼 세 개, 면티 다섯 장, 바지 다섯 개, 셔츠 세 장, 모자 두 개가 전부였고, 서랍 안 살림이라고 해봤자 팬티 다섯 개, 양말 열 개뿐이었다. 다른 칸엔 무엇이 들어 있나 궁금해서 열어 봤지만 바퀴벌레 한 마리도 안 보였다.

'진정 이 살림으로 사람이 살 수 있을까, 불편하지 않을까?'라며 나는 계속 의심했다.

주방 살림마저 단출했는데 가전이라고는 작은 냉장고, 전자레인지, 전기밥솥이 전부였고, 냉장고 안에 들어 있는 식재료는 물 몇 개, 1리터짜리 콜라 두 개, 김치 한 통, 방울토마토 한 봉지가 전부였다.

싱크대 위는 모기가 앉다 미끄러질 정도로 물기 하나 없이 깔끔했고 그리고는 아무 것도 없었다. 건조대로 사용하고 있는 곳엔 밥그릇 두 개, 국그릇 두 개, 냄비 한 개, 수저 한 세트가 있었고, 상부장은 비어 있었으며 하부장은 냄비 한 개, 프라이팬 두 개, 도마 한 개, 가위 한 개, 칼 두 개, 컵 다섯 개, 채반 한 개, 볼 두 개, 반찬통 다섯 개가 전부였다.

"집만 보면 찔러도 피 한 방울 안 나오는 정 없는 사람이 사는 집 같은데… 나 이사람 계속 만나도 되는 걸까?"

왜 이러고 사냐고 물었더니,

"물건을 정리하는 데는 소질도 없고, 누가 이 집을 청소해 주겠어?! 다 내가 해야 하는 일이야. 해야 할 일이 많은데 청소하면서 쓰는 시간이 길면 너무 아깝지 않아? 차라리 그 시간을 벌어 쉬고 놀면 좋지 않겠냐!"

그 당시의 나는 전혀 이해할 수 없었던 말을 하는 그가 이해되지 않았다. 청소도 정리도 엄마가 해주니 남편이 겪는 집안일을 하는 수고스러움에 대해서는 전혀 공감할 수 없었다.

신혼살림을 준비할 때도 자신이 사용하던 살림을 가져와서 사용하자는 남편의 말에 핏대를 세우면서 온몸으로 거부의사를 밝혔지만, 자금의 압박으로 '울며 겨자 먹기'로 남편 자취템 몇 개를 가지고 와 신혼집 살림을 채웠다.

웃픈(?) 소식은 자취방에서 가져온 자취템 몇 개는 지금도 여전히 우리집에서 쭉 쓰임을 당하고 있다는 것이고, 깨지고 고장 나지 않는 한 오래오래 남을 살림이 될 것 같다는 것이다. (젠장;;;)

남편의 자취템이었던 전자레인지, 작은 서랍장, 텔레비전, 플라스틱 서랍장은 생활하는데 거슬림이 없었다. 그냥 단지 내 눈에만 차지 않아 신혼집에 두면 안 되는 살림템일 뿐이었다. 새 살림으로 채우고 싶다는 욕심이 앞서 버려질 뻔한 자취템에게 애정을 주지 않았지만, 물건이 주는 편리함 앞에서 '괜찮은데?'라는 마음을 숨길 수 없었다.

잦은 이사와 세월의 직격타를 맞아 유명을 달리한 가전을 비울 때마다 '속시원하다'는 마음도 있었지만 '돈 아끼게 해줘서 고맙다'는 마음도 들었다. 세상 촌스럽다고 생각했던 자취템 중 플라스틱 채반 한 개, 스테인리스 채반 한 개, 소주 컵 다섯 개, 수저 세트 열 개, 국자 한 개는 우리집 주방 싱크대 하부장에 상전 모시듯 고이고이 떠받들며 주방에 자주 출몰하고 있는 살림템들이다.

오래된 살림이라는 생각에 '이래서 놉! 저래서 패스!'라며 절대 들이지 않겠다는 생각을 했는데, 남편의 자취템이 우리집에서 아직도 사용되는 것을 보며 쓸 만한 물건을 단지 취향이 아니라는 이유로 비우고, 설레지 않는다고 비우려고 했던 지난날을 반성하게 되었다.

지금 생각해 보면 '나는 쭉 미니멀라이프였다'고 말했던 남편은 오래전부터 라이프 스타일이 간소했던 사람이었다. 빈 공간에 대한 만족감 역시 큰 사람이었다. 대신 자신이 한 번 선택한 물건은 끝까지 지킨다는 욕구가 커서 불필요하다는 판단이 서고 비우기까지 시간이 오래 걸리는 태생적 미니멀리스트였음을 인정하게

되었다.

몇 해 전부터 갑자기 유행처럼 번진 미니멀라이프, 하지만 모태 미니멀리스트가 아닌 사람들은 미니멀라이프를 해야 하는 목적 자체가 분명하지 않으면 미니멀라이프를 실천하면서도 '이것만 하면 바뀐다더니 이게 뭐야?' 하며 결국 포기한다.

내가 왜 미니멀라이프를 해야 하는지 그 목적이 분명한 이들은 물욕 앞에서 흔들리거나 타인이 내 등에 올라타 저울질하는 틈에도 좌지우지될 가능성이 희박하다. 물건을 대하는 생각 자체가 변하지 않으면 미니멀리스트로 보여야 한다는 강박에 필요한 물건도 비우고, 필요한 물건이 생겨도 더 미니멀하게 보여야 한다며 본질은 없고 껍데기만 남은 보여주기식 미니멀라이프를 하게 된다. 결국 미니멀라이프를 위한 미니멀 인테리어를 실천하는 사람이 되어 많은 비판을 받기도 하고 공간도 일상도 예전과 다른 변화를 보이지 않기에 '미니멀라이프를 해도 바뀌지도 않더라'고 말한다.

사실 미니멀라이프를 실천하냐 안 하냐는 지극히 개인의 선택사항이다. 맥시멀이든 미니멀이든 서로의 라이프 스타일에 '내로남불' 하지 않기로 하자. 모태 미니멀리스트거나 궁극의 미니멀리

스트가 아닌 이상 비움 생활에 있어 성공이란 없다고 생각한다. 그저 자신의 기준과 소신을 갖고 꾸준히 하다 보면 결국 공간도 일상도 인맥도 꿈도 달라져 있다.

간소한 삶을 살아가기 위해 할 수 있는 쉬운 것부터 시작해보고, 완벽하진 않아도 되지만 대신 진심을 다해 적어도 1년은 진짜 할 수 있는 것들을 찾아서 실천해 보자. 그런 다음 '당신의 미니멀 라이프의 결과'가 기적인지 기절인지 체크해 보자.

시간은 미니멀하게
통장은 맥시멀하게

운동할 시간도, 책 읽을 시간도, 정리할 시간도, 청소할 시간도 없는데, 물건을 사기 위해 최저가를 검색하는 시간은 전혀 아깝지 않았다. '돈 한 푼 못 버는 사람'이라는 자격지심, '집에서 놀면서 그것마저도 안 해?'라는 말은 듣고 싶지 않고 외벌이 가정의 와이프로 자존심을 지키고 싶어서 자발적 궁핍 생활을 선택해야 했고 최저가 검색은 당연한 것이었다.

자발적 궁핍 생활을 하다 보면 당연히 생활비가 남고 돈이 모일 줄 알았다. 하지만 생활비는 늘 부족했고, 언감생심 저축은 꿈에도 생각하지 못했다. 그저 적은 생활비로 빠듯한 가계를 운영해 가는 것이 문제이자 원인이라고 생각했다.

그러나 지금 다시 생각해 보면 돈을 모으지 못했던 이유는 푼돈의 가치를 중요하게 생각하지 않았고, 많은 돈을 벌어야 돈도 모을 수 있다는 썩은 생각 때문이었다.

10원, 100원 할인을 중요하게 생각하며 체크할 것이 아니라 10원이 있으면 100원으로 만드는 방법을 고민하고 이를 실천할 수 있는 사람이 되어야 했다. 10원이 모여 100만 원을 만드는 사람은 돈의 액수를 탓하지 않았고 푼돈을 모아 시드 머니를 만들었다. 그렇다고 자린고비, 구두쇠처럼 1원에 바들바들 떨지 않았고, 남들과 똑같이 적당히 일하고 적당히 쉬면서 통장에 잔액을 불려 나갔다.

나는 비누 한 장을 사면서 1,000원을 아꼈다고 스스로를 대견해 하면서 그 1,000원으로 커피를 사 마셨다. 사고 싶은 물건이 생기면 안 쓰는 물건을 중고로 판매한 뒤 다시 돈을 보태 새 물건을 구매하는 배보다 배꼽이 더 큰 악순환이 돌고 돌았다. 물건을 최저

가로 사는 것에 혈안이 되어 절약을 외치면서 실제로는 더 많은 돈이 내 지갑에서 세상으로 뿌려졌다.

어느 날 만보 걷기를 생활화하는 친구와 걷기 운동을 시작하게 되었는데 그 친구는 걷기 전에 '캐시워크'와 '토스 만보기' 앱을 설치하라고 하였다. 만보 걸어봤자 하루에 100원의 캐시를 적립하는 건데 무슨 도움이 될까 싶어 어물거리고 있었는데, 그 친구가 하는 말이,

"100원이 200원이 되고 1,000원이 된다? 몇 달 동안 차곡차곡 모아서 나는 벌써 10만 원을 만들었어."

"고작 10만 원 모으려고 만보를 걷는 거야?"

"건강도 챙기면서 돈도 모으는 재미가 얼마나 큰데."

"그럼 그 10만 원은 어디에다 썼어?"

"푼돈 통장이 따로 있어. 거기에 현금화할 수 있는 적립 캐시를 이체하면 모이고 모여 목돈이 되더라고."

"그래서 얼마나 모았어?"

"100만 원!! 그걸로 우리 가족 여행 경비로 쓰려고."

100만 원이라는 금액도 신기했지만 말로만 듣던 앱테크로만

목돈을 만들었다는 소리가 믿기지 않았다. 친구는 하루 중 잠깐의 시간을 들여 만보도 걷고, 물을 마시며 건강을 챙기는 동시에 퀴즈를 풀고 설문조사나 출석체크를 하는 것뿐이라고 했다.

목마른 사슴이 우물을 판다면서 푼돈 하나하나가 목돈이 되는 것을 경험해 본 사람은 앱테크를 하는 시간과 에너지가 낭비라고 생각하지 않고 하루의 루틴처럼 무조건 해야 하는 습관 중의 하나로 자리 잡는다고 했다.

하루 종일 휴대폰을 보고 있는 나, 그 시간에 나는 무엇을 하는지를 찬찬히 돌이켜봤다. 결국 최저가를 검색하고 연예인 가십 기사를 훑으며 자존감을 바닥으로 떨어트리는 누군가의 라이프를 탐닉하고 있었다. 이 세상에서 가장 의미 없는 곳에 아까운 시간을 쓰고 있었던 것이다.

그렇게 스스로에 대한 후회를 하고 있을 때 지인의 푼돈을 모아 목돈을 만드는 프로젝트를 한다는 소식에 덥석 신청을 하였다. 그때의 목표는 1년 뒤 '푼돈 모아 식세기'를 사겠다는 의지가 불타오를 때다. 주 5일 만보를 생활화하면서 캐시워크, 토스 만보기에 푼돈을 적립했고, 은행권 앱(NH멤버스, 하나멤버스, 리

브메이트)을 다운받아 출석체크를 하고 퀴즈를 풀고 룰렛을 돌리며 캐시를 적립했다. 설문조사 앱(패널파워, 앰브레인)을 다운받아 설문조사를 하고 현금으로 적립하며 푼돈을 차곡차곡 모아갔다.

휴대폰을 켜면 자연스레 시선이 머물렀던 연예인 기사, 맘카페, 최저가 검색에 목을 매지 않고, 그 시간을 오롯이 앱테크에 몰두하였고, 결국 푼돈 계좌를 만든 지 1년 만에 100만 원이 모였다.

하루에 고작 100원~2,000원 받으려고 앱을 다운받고 휴대폰의 용량을 내어주며 시간을 할애하는 것이 의미가 있을지 의문이었고 귀찮고 성가셨다. 그럴 바엔 100원을 안 쓰는 것이 훨씬 경제적인 것이라는 생각도 했다. 하지만 신기하게도 캐시를 적립할 때면 오늘도 열심히 살고 있다는 나름의 뿌듯한 증거가 되어 주었다. 캐시를 적립 받으려고 일주일에 고작 이틀 동안 했던 만보 걷기도 주 5일로 늘려, 돈도 모으고 건강까지 챙길 수 있었다.

은행 앱으로 앱테크를 하면서 내가 모르고 살았던 숨은 현금 포인트를 찾게 되었다. 휴대폰 잠금 화면 상태가 오래 유지될수록 캐시가 쌓이는 앱을 알고서는 의식적으로 사용을 제한했고, 요가와 운동을 따라 하기만 해도 적립금을 주는 앱으로 나의 짬짬이 시간을 꽉 채워 사용했다.

처음 몇 달은 모인 금액이 생각에 미치지 못해서 실망하기도 했다. 겨우 이거 모으려고 그 짓을 했나 싶기도 했다. 또 어느 날은 식세기(식기 세척기)가 아닌 다른 물건을 사고 싶어서 푼돈 통장을 들고 해약을 고민하기도 했다. 그러나 푼돈 계좌를 1년 동안 지키고자 했던 것은 그간 내가 푼돈을 무시하고 살았던 무지함에 대한 반성이자 나도 마음만 먹으면 돈을 모을 줄 알고 잘 지킬 수 있는 사람이라는 사실을 증명해 보이고 싶었다.

결국 나의 반성과 푼돈을 소중하게 생각하는 습관이 쌓여 1년 동안 130만 원을 만들었고, 나의 생일 선물로 식세기를 구매했다. 적은 월급, 적은 생활비로는 죽어도 돈 한 푼 모으기 힘들다 했던 내가 1원에서 시작해 130만 원이라는 목돈으로 만들어낸 것은 돈에 대한 생각이 완전히 바뀌어 버린 기적이자 다음을 생각할 수 있는 동기부여가 되었다.

지금은 휴대폰을 할부가 아닌 일시불로 구매하기 위해 지금까지 했던 앱테크뿐만 아니라 네이버 영수증 인증으로 포인트 쌓기도 병행하고 있다.

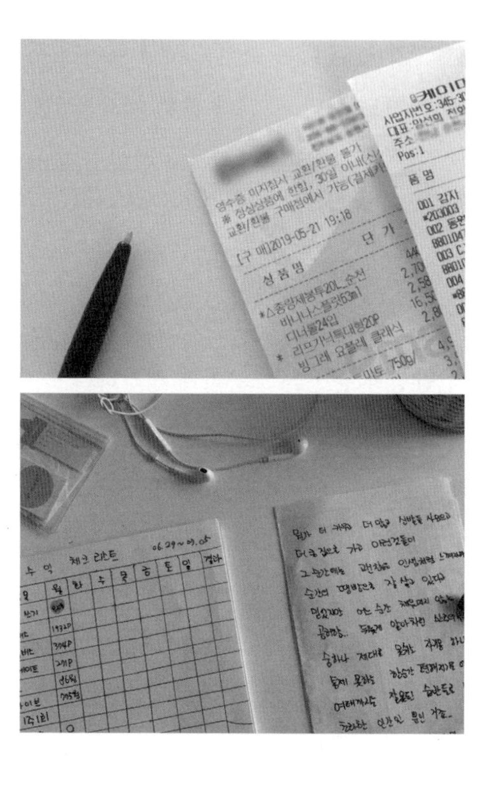
교환/환불 구매점에서 가능
[구 매]2019-05-21 19:18
상 품 명
단 가
비나나스플랫63ml
디너롤24입
빙그레 요플레 클래식
Pos:1
품 명
001 김치
체크 리스트
06.29 ~ 07.05

예전의 나처럼, 푼돈의 위력을 느껴보지 못했다면 '50원 그거 얼마나 된다고 안 쓰고 안 받고 말아'라며 영수증은 쓰레기통으로 직행하였을 것이다. 하지만 누군가에게는 쓰레기에 불과하지만 나에게는 한 장 한 장이 모두 돈이다.

유튜버가 되고 1인 기업가의 대표가 되어 경제적 활동을 하고 있으니 친구가 내게 이런 말을 한다.

"이제는 출석 도장도 그만 찍고 퀴즈도 그만 풀고 룰렛도 굳이 돌릴 필요가 있겠어? 맘만 먹으면 얼마든지 살 수 있잖아."

"아니, 아니!! 두 번째 푼돈 계좌를 이제 시작했으니까 부지런히 쌓아서 휴대폰 사야지."

10원 하나로 천만 원을 만들 줄 아는 사람이 되어 경제적 자유를 위해, 온라인 쇼핑몰에서 100% 포인트로 구매할 때 얻는 희열감 때문에라도, 오늘도 영수증을 모아 카메라 셔터를 누른다.

m i n i m a l

s u n n y

5장

집이 변하면 나도 변한다

물건 말고 자기계발

"보자, 보자. 오늘은 무슨 물건을 사볼까?"

남편이 출근을 하면 나는 SNS에 떠돌아다니는 #유행템 #인생템 #살림템 #필수템을 찾아 하루 12시간 동안 눈동자 굴리는 일을 하러 출근을 한다. 남편은 회사에서 모니터를 보며 눈동자를 굴릴 때 나는 대박템을 보며 눈동자를 굴리고, 땀이 가득 찬 안전화를 신고 현장을 뛰어다닐 동안 나는 인싸템 구두를 신고 커피를 마시며 다녔다. 월급이 일주일 만에 통장에서 스쳐 지날 때 나는 신용카드를 긁어대며 남편의 등골을 갉아먹고 있었다.

나는 '현모양처'가 되고 싶었다. 집에서 남편이 벌어다 주는 월급으로 살림을 하면서 아이를 잘 키우는 완벽한 아내이자 엄마로 살고 싶었다. 때문에 가족을 위해 일을 하기에 보상을 받는 것은 너무나 당연한 것이라고 여겼다.

집에 있는 시간이 많았고 살림도 오롯이 나 혼자의 몫이었다. 그러다 보니 어떤 물건을 샀을 때 편해질지, 예뻐 보일지를 연구를 했고 그런 템들을 검색하는 시간도, 구매하는 데까지 걸리는 시간도 내게는 충분한 의미가 있었다.

하루 중 반나절을 인터넷과 씨름하다 보니 체력은 떨어졌고 피곤은 쌓여 갔으며 신경은 예민해졌다. 이 모든 감정의 화살은 고스란히 남편에게 향했다. 사고 싶은 물건이 있으면 참지 못하는 여자, 하고 싶은 말이 있으면 참지 못하는 남자의 결혼 생활이 어땠을지 말하지 않아도 알 것이다. 갖고 싶은 물건을 가지면 통장의 잔액 따윈 신경을 쓰지 않았던 여자, 갖고 싶은 물건을 사려고 돈을 모았던 남자. 눈만 마주치면 '침대로 갈까?'라는 스윗함 대신

'언제 법정으로 갈까?'가 주된 화제였다.

결국 돈 때문에 찌질해지는 내가 싫어서 결혼 전 비상금으로 모아 두었던 돈까지 야금야금 꺼내 쓰면서 물욕 끝판왕을 달렸다. 주기적으로 바뀌는 살림템과 추가되는 물건들이 생길 때마다 남편은 "돈이 어디 있어서 산 거야?"라고 물었고 "생활비 남은 거 모아서 샀지"라며 거짓말을 반복하다 결국 거짓말마저 들통이 났다. 얼마 되지 않던 비상금도 바닥을 드러내니 자백도 쉬웠다.

"실은… 결혼 전에 비상금으로 모아 두었던 돈이 조금 있었는데… 그걸로 샀어…"

"앞으로는 그냥 필요한 물건이 있거나 사야 할 물건이 생기면 숨기지 말고 말해."

측은지심이 들었을까? 남편은 화를 내지 않고 차분히 말했다. 불같이 화를 낼 것만 같았던 남편의 리액션이 스윗함으로 변하자 이상하게 갑자기 자발적 궁핍의 삶을 살아야겠다는 마음을 먹게 되었다. 작심삼일도 하루 이틀 지나니 다시 원래의 소비 습관으로 돌아왔다. 단지 소비를 하는 품목이 바뀌었을 뿐 나는 아이의 물건을 구매하고 들이며 '나를 위한 것이 아니라 이게 다 아이를 위한 것이다' 하며 합리화하고 있었다.

하지만 아이는 내 기대보다 물건에 대한 관심이 짧고 굵었다. 너무 저렴해서 그런 건가 싶어 고가의 물건도 들였지만 아이의 관심은 마찬가지였다. 그럴 때마다 말도 안 통하는 애먼 아이에게 '이걸 사려고 엄마가 얼마나 많은 시간을 투자하고 돈을 썼는데…' 라고 하소연하고 불만을 나타나기에 바빴다.

그러나 곧 깨달았다. 아이를 위한답시고 사준 물건은 정작 내가 어렸을 때부터 갖고 싶었던 로망템이라는 것을. 아이를 키우면서, 살림을 살면서 고단한 하루의 보상을 아이 핑계를 대면서 실제는 나를 위한 물건을 산 것이다.

이런 내가, 운명처럼 미니멀라이프를 만나면서 물건 대신 자기계발을 선택했다. 미니멀라이프를 제대로 해 보고 싶어서 닥치는 대로 미니멀라이프에 관한 책을 찾아 읽고 관련 카페에 들어가 매일 비움 미션을 인증하였다. 내 개인 채널에도 인증 기록을 올리며 각오와 다짐을 다져가고 있었다.

T.O.P
MILD

여태껏 스스로 책을 찾아 읽어 본 적도 내 생각을 글로 적어 본 적도 없었는데, 살려고 시작한 일의 간절함이 나를 움직이게 만들었다. 책에서 정답을 얻는다는 말이 '귀신 씨나락 까먹는 소리'도 안 된다고 여기던 내가, 미니멀라이프를 실천할 때 책에 나온 것을 하나씩 실행으로 옮기면서 공간이, 일상이, 꿈이 바뀌는 경험을 했다. 그제야 책이 주는 기쁨을 발견했고 도서관에 들러 책을 읽고 빨리 읽고 싶은 책은 기다리기가 싫어 서점에서 직접 돈을 주고 샀다.

책과 거리가 멀었던 남편도 와이프의 변화가 서프라이즈였는지 읽히기 쉬운 책부터 시작하더니 지금은 나보다 더 많은 시간을 투자해 책을 읽는다. 같은 것을 공유하면서 대화하는 시간이 많아진 우리 부부의 사이는 매일이 스윗하고 덩달아 아이들도 함께 책을 보며 잔소리가 없어졌다.

더 이상 물건을 보고 고르던 내가 아닌 나를 위한 투자를 시작하며 스스로의 발전에 대견해 하고 있다. 내가 했으면 누구나 할 수 있다. 지금 당신도 가능하다.

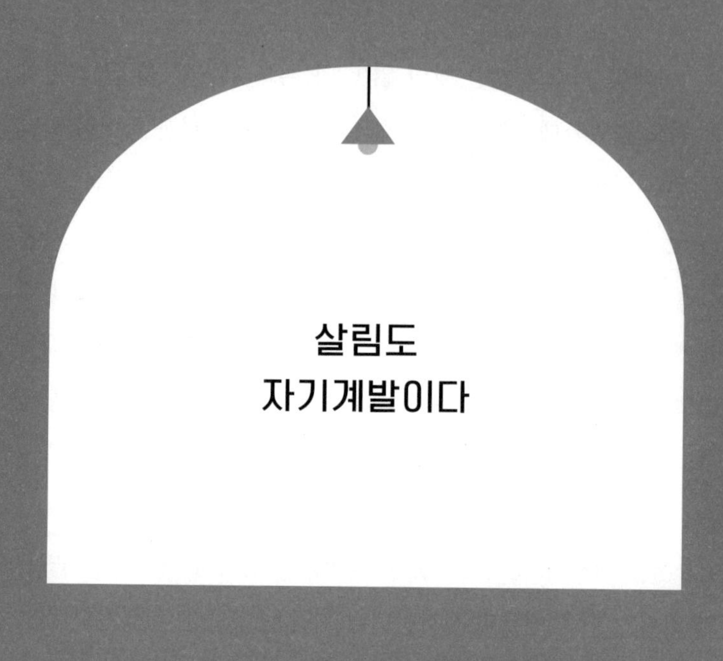

살림도 자기계발이다

책을 읽고 실천했던 비움의 생활이 좋아서 기록을 하게 되었는데, 내가 던진 메시지도 힘을 받기 시작했다.

"정선님 글을 읽고 미니멀라이프를 실천하게 되었어요."

"비운다는 행위가 정말 어렵다고 생각했는데 쉽게 다가갈 수 있을 것 같아요."

"궁극의 미니멀리스트 삶을 사는 게 불가능할 것 같아 미니멀을 포기하고 있었는데 정선님 덕분에 도전할 수 있었어요."

"저희 집이 몰라보게 달라졌어요."

살림이라고 정의하는 카테고리 중 특히 정리정돈과 청소는 누구보다 서툴고 또 서툴렀던 내가 다른 이에게 살림을 살게 하는 메신저가 되고 있다는 사실에 놀라웠다. 한 번도 살림이 자기계발이라 생각하지 않았던 내게 살림도 충분히 자기계발일 수도 있겠다는 생각으로 바뀌었다. 그러면서 사명이 생기고 더욱더 즐겁고 쉽게 비움을 실천하면서 그 기록을 남겼고, 어느새 나는 살림을 코칭하는 직업을 가진 사람이 생겼다.

글과 사진으로 기록을 남기다가 좀 더 역동적인 영상으로 담아 보면 어떨까 싶어 무작정 휴대폰을 들고 이런저런 장면을 찍어 30초짜리 영상을 인스타그램 피드에 올렸다. 기계치에 감각도 없어 30초짜리 영상의 촬영과 편집까지 3시간이나 걸렸다. 과정은 힘들었으나 내가 느낀 성취감은 대만족이었다.

이 영상에 대한 경험으로 무턱대고 유튜브를 도전하는 계기가 되었다. 오래전에 만들어 두었던 채널에 '미니멀써니'라는 채널 명을 붙이고 영상을 올렸다. 목적이 있는 기록이 아니라 소장용 영상이라 제목도 썸네일도 신경 쓰지 않고 자유롭게 올렸다.

그런데 그 영상을 보러 와주는 사람들이 생기고 반응 또한 나쁘지 않다 보니 자신감이 붙었다. 하지만 앞에서도 이야기했듯이 지독한 기계치에 감각이 없다보니 맘대로, 상상 속의 예쁜 영상이 나오지 않았다. 눈 뜨는 시간에 휴대폰을 들고 영상을 찍고 편집했다. 그렇게 3분짜리 영상을 만드는 데 꼬박 한 달이 걸렸다.

그리고 그 영상이 유튜브 채널에 업로딩 되면서부터 나는 수익형 유튜버를 꿈꾸게 되었다. 그 노력이 쌓이면서 '미니멀써니'는 4개월 만에 진짜 수익형 유투버가 되었다. 영상을 만드는 일을 취미로만 여겼다면 쉽게 포기했을 지도 모르지만, 포기하지 않고 나의 무기로 만들면서 지금까지도 한 달 평균 30만원~50만원을 버는 수익형 유튜버로 성장하고 있다. 그 덕에 많은 업체에서 협찬 문의가 들어오고 후기 등의 원고료 수익을 늘리고 있다. 또한 영상 편집을 배우고 싶은 사람들을 코칭하며 프로젝트 모임 리더가 되었다.

미니멀라이프를 하면서 그동안 나의 모습에 실망하며 나에 대한 신뢰가 없던 남편도, 나를 응원하며 동기부여가 된다고 이야기한다. 우스갯소리로 자기 인생에서 존경하는 박씨가 세 명이 있는데 첫 번째로 나를 꼽는다고 하니 그저 든든하다.

물건을 검색할 시간에 나를 위한 투자에 무엇이 있는지 알아보고, 물건 살 돈을 모아 나를 위한 경험 쌓기에 투자한다. 물건이 주는 기쁨보다 배움에 투자하고 그것이 나의 것으로 체득이 되면, 나의 이 경험을 필요한 다른 이들과 함께 나눌 수 있음에 감사하다. 명품 백을 사는 기쁨보다, 예쁜 소품을 들여 공간을 꾸미는 것보다 내가 살아 있음을 축복하고 내가 살아가야 할 이유를 찾을 수 있게 되었다.

아직도 자기계발을 하는 데 '시간이 없다', '용기가 나지 않는다', '무엇을 해야 할지 판단이 서지 않는다'며 못하겠다고 말하는 것은 스트레스 하나 없이 회사에 나가 돈을 벌겠다는 것과 같다.

누구나 관심사는 있고 어떤 이의 질문에는 그 질문에 부합하는 대답과 진심을 전달하면 된다. 나는 미니멀라이프 노하우, 살림 노하우, 영상 편집 노하우, 유쾌하게 글을 쓰는 노하우 등을 알려달라는 질문을 자주 받았다. 그래서 질문에 대한 답변을 주변 지인과만 공유하다 SNS에도 공유를 하면서, 좀 더 자연스럽게 잘 전달하기 위해 노력하게 되었다.

유튜브 관련 강의들을 모두 다 보고 책도 찾아보면서 실행에 옮겼다. 나의 영혼과 시간을 갈아 넣을수록 실력은 일취월장 했고 평가도 좋았다.

끊임없이 자기계발을 하는 이유는 바로 배워서 남을 주기 위함이다. '배워서 남 주자'는 나의 모토이자 자극이 되고 동기부여가 되기 때문이다.

나는 자기계발에 진심이다. 취미로 괜찮을 것 같아서 손 한 번 담가 보는 수준이 아닌 머리부터 발끝까지 담근다. 후회하고 싶지 않기 때문에, 또 남에게 주고 싶은 마음 때문에 물불을 안 가린다. 한 해를 마무리하거나 시작할 때, 꼭 시간을 정하지 않더라도 지금 당장 나를 위한 자기계발 리스트를 작성해 보고 반드시 이뤄내고 싶은 것은 바로 시작해 보자. 그것이 당신을 존재하게 만드는 동력이 될 것이다.

○ 첫째, 유튜브

내가 가진 노하우, 평소에 내가 자주 받는 질문에 대한 아이템을 우선 하나만 정해 그것을 영상으로 이야기하는 유튜브를 시작해 보자. '초보 유튜버'만 검색해도 다양한 촬영법, 편집법, 운영방법이 넘쳐난다. 독학을 하기에도 좋지만, 전문가에게 1:1 코칭을 받거나 프로젝트 모임에 들어가 같은 목적을 가진 사람들과 의기투합해 영상을 촬영하고 편집하는 연습을 해본 뒤 리더에게 피드백을 받아 보는 것도 나쁘지 않다.

또는 같은 목적을 가진 사람이 모인 네이버 카페에 가입해 활동해 보는 것도 추천한다. 카페 회원 중에 전자책을 무료로 푸는 고급 인력이 있는데, 메일로 그들의 노하우를 공짜로 받을 수 있고 무료 라이브 방송이나 줌 강의를 오픈해 그들만의 고급 썰을 풀어주기도 한다.

○ 둘째, 글쓰기

나의 노하우를 글로 전달하고 싶다면 블로그, 인스타그램, 브런치 등에 경험의 기록을 쌓는 것을 추천한다. 나 역시 미니멀라이프 컨텐츠로 6년 동안 비움 생활을 통해 내가 겪었던 시행착오와 장단점을 여과 없이 매일 기록했더니 '책을 읽는 삶'에서 '책을 쓰는 삶'으로 살아가고 있다.

○ 셋째, 독서

내가 미니멀라이프를 실천하면서 가장 많은 도움을 받았던 것은 바로 책이다. 책은 거짓말을 하지 않기 때문에 책에 나온 실천 방법을 따라만 했는데 공간이 달라지고 일상이 변했으며 삶의 질이 상승되기 시작하였다.

책이 가진 매력에 빠지면서 TV나 휴대폰 대신 도서관 문턱을 닳을 만큼 드나들며 책 읽는 시간이 그저 소중해진다. 처음에는 미니멀 살림에 관한 책만 읽다가 점차 재테크, 인문학, 마케팅, 심리학 등으로 주제가 확장되어 내가 가진 지식의 그릇 크기가 커진 듯한 느낌마저 든다. 책을 통해 조금씩 지식이 빌드업 되기 시작했다.

특히 온라인 마케팅 분야에서 그동안 읽었던 마케팅과 심리학 분야 책은 나를 성장시켰다. 덕분에 나의 코칭이 도움이 되었다는 이야기를 들으면서 많은 이를 성장시키기 위해 더욱 열심히 새로운 분야의 책을 읽고 쓰며 나누는 중이다.

○ 넷째, 미니멀라이프

백 번 천 번 강조해도 모자랄 정도로 강력추천하는 자기계발은 바로 미니멀라이프다. 미니멀라이프가 자기계발인가 의심하는 이도 분명 있을 것이다. 평소 물건 때문에 스트레스를 받지 않고 살림을 잘하는 사람이라면 미니멀라이프를 자기계발에 넣을 필요가 없다. 하지만 물건 때문에 공간이 무너지고 한순간도 그 공간에 머물고 싶지 않을 정도로 극심한 스트레스를 받고 있다면, 지금 당장 방치된 것 그러니까 쓰레기를 비워야 할 때다.

그중에서 가장 먼저 쓰레기통에 넣어야 할 것은 필요가 없어진 물건이다. 필요가 없어진 물건들을 하나둘씩 꺼내 비우다 보면 여유 있는 공간이 주는 장점이 보일 것이다. 그 경험은 인간관계, 내면의 욕심, 소비 습관까지도 모두 변화시키는 '라이프가 미니멀'이 되는 것이다.

'비우고 살고 싶은데'가 아니라 '비워야 산다'로 마음을 고쳐먹자.

오늘부터 당신은 미니멀리스트다.

기록을 했더니
인생이 바뀌었다

결혼을 하고 임신을 하면서 할 줄 아는 것도, 하고 싶은 것도 없이 그저 엄마인 삶, 와이프인 삶을 살아가느라 나를 잃어 가고 있었다.

세상이 정해 놓은 당연한 위치에서 당연한 삶을 살아가고 있었기 때문에 현실 타격감이 없어 일상은 꽤 잔잔했지만, 언제 일어날지 모를 고요한 호수의 파동이 무섭게 느껴지기 시작했다. 그래서

'내가 이렇게 힘들다', '나 같은 사람이 또 있나요?'와 같은 글과 사진으로 나와 같은 처지의 육아맘들과 함께 소통을 하며 눈물을 훔치고 소통하며 응어리 진 마음을 말랑하게 만들었다.

하지만 결국 기록이 오래될수록 타인과 나를 비교하며 지하 동굴에 갇힌 기분이 지속되었다. 보다 못한 남편은 모든 SNS를 내 인생에서 차단하라고 했다. 이게 유일한 낙인데 어떻게 버리라는 거지? 이 기록은 나의 역사고 아이와의 추억인데 삭제를 하라니…

그런데 곰곰이 생각해 보면 지금까지의 나의 기록은 사람과의 관계에 가장 많은 공을 들였을 뿐이라는 생각이 들었다. 그래서 맘카페 탈퇴를 선언하고 열정적으로 불태웠던 기록을 비공개로 돌리며 잠시 휴전을 택했다. 하루가 멀다하게 '잘한다, 잘한다'를 인정받아야 했던 보여주기식 기록이 없어지니 나의 하루에도 여유가 생겼다.

그러나 기록만 멈췄을 뿐 눈팅은 여전히 진행하고 있었다. 그러다 레이더망에 포착된 것이 집스타그램이었다. 온라인에 비춰진 집은 어쩜 그렇게도 세련되고 멋있으며 큰 집에서 살고 있을까? 채워진 살림은 어쩜 그렇게 죄다 유행하는 템들로 하루가 멀다하게 바뀌고, 아이를 키우면서도 세상 깨끗하고 예쁘게 차려 입고 있는지, 그런 집에서 살고 있는 아이들은 귀티까지 좔좔 흘렀다.

비현실이라면서 뒤에서 수군거렸지만, 어느새 그들의 라이프스타일이 함축된 집을 동경했다. 우리집의 모습, 아이의 모습, 내 모습까지도, 물건 때문에 너무나 초라해 보이나 싶어 그때부터 돈만 생기면 유행템들을 사다 채우며 '오늘은 이걸 샀어요', '물건 사는 기쁨이 이런 걸까요?', '오늘은 아이에게 책을 읽어줬어요. 역시 유행하는 책은 뭔가 다르긴 하네요', '값비싼 이유를 알겠어요'와 같은 '있는 척' 기록을 하고 있었다.

그래봤자 뱁새일 뿐, '있어빌리티'를 자처하며 온라인에서 가장 극혐했던 자랑 질을 하기 시작했다. 자랑 질에 질타를 맞더라도 우리집이 그들과 똑같은 공간으로 완성된다면, 나의 일상도 여유를 찾을 것 같았지만 전혀 여유가 생기지 않았고 오히려 초조했다.

습관은 무서운 법, 다름을 인정하면서도 멈추면 안 될 것 같아 그저 질주했다. 지금 내 눈엔 예쁜 쓰레기, 없어도 되는 물건이지만 내가 들인 물건 그 자체가 나인 것만 같았다. 물건을 사기 위해 들였던 수고와 에너지, 물건을 기다렸던 설렘으로 잠시라도 나를 웃게 만들었기 때문이다. 물건 욕심도 많아서 버리는 건 상상할 수 없었지만, 쌓여가는 물건에 자꾸만 집이 답답해졌다.

그때 마주한 '미니멀라이프'. 아주 큰 충격을 받았고 그때부터가 시작이었다. 미니멀라이프의 실천을 담은 기록은 과거의 나에게 '정선아 우리 예전으로 돌아가지 말자'라는 셀프 응원이었다. 타인의 인정을 바랬던 예전의 기록과는 달랐다. 비난해도 충격적이지 않았고 혀를 끌끌 차도 감수할 만했다.

나는 살림과 정리정돈을 잘하지 못하고 경제관념도 허술했다. 나의 콤플렉스를 인정하면서 되레 나는 또다시 이곳에서 발가숭이가 되기로 결정했고 최선을 다해 미니멀리스트의 삶을 살아가 보기로 했다.

2년 가까이 비움의 기록을 지속하면서 그전과 다른 기록이 쌓여갔다. 허세를 버리고 진심을 담아 기록을 쌓아가다 보니 사람들도 진심으로 대해주기 시작했다. '그 물건 어디에서 사셨어요?'가 아닌 '저도 물건을 비우고 살고 싶어요', '저도 미니멀라이프 할 수 있을 것 같아요'로 변했고, '살림꽝 쇼핑왕' 타이틀에서 누구보다 미니멀라이프를 즐기며 살아가는 유쾌한 미니멀리스트 '미니멀써니'가 탄생했다.

나에게는 생존과도 같았던 라이프 스타일 체인지 기록은 집, 일상, 직업, 인생이 바뀌는 매직을 경험하고 있다. 미니멀라이프를 공개적으로 남기지 않았다면 지금 나는 어떻게 되어 있을까?

나의 장점이자 단점은 지금 하고 싶은 것을 하며 산다는 것, 지금 하고 싶은 것이 가장 좋아하는 것이고, 좋아하는 것을 할 때 잘하고 싶은 욕심이 커진다. 늘 새로운 것에 도전하는 중이고 그것들을 잘하고 싶어 애쓰며 산다.

나이가 들어 갈수록 좋아하는 것, 잘하는 것도 잊어버리고 '몰라요'가 되어 버리는 경우를 많이 봤다. 나의 가족과 친구는 도전을 두려워하지 않고 꾸준함을 지속하면 인생이 바뀔 수 있다는 것을 누구보다 잘 알고 있을 것이다.

누구에게나 넘지 못하는 벽은 있다. 하지만 벽을 부술 수 있는 '깡'이 필요할 때가 분명히 온다. 그럴 때면 무조건 시작했으면 좋겠다.

'미니멀써니'는 미니멀라이프를 만나 탄생한 나의 부캐였고, 아무도 알아주지 않은 네모 세상에서 '나는 할 수 있어!! 이건 무조건 돼!!'라며 나의 존재감을 알렸기 때문에 '박정선'이 전하는 비움 이야기보다 '미니멀써니'가 전하는 이야기의 힘이 더 강력했다. 분명 시행착오도 있었지만, 나를 믿고 잘못하고 있는 것들은 개선을 하며 성장을 만들었다.

내가 잘하는 것인 꾸준함을 무기로 내가 정한 목표에 도달하기 위해 노력했다. 그 결과 수익이 창출되는 유튜버이자 인플루언서, 1인 지식 경영가가 되었다. 지금도 현재를 만족하는 대신 또 다른 목표를 세우고 꾸준히 쌓아가고 있다.

나는 경험 팔이 피플입니다

물건도 많이 사본 사람이 잘 판다.

경험도 많이 해본 놈이 잘 안다.

오래전부터 친하게 지내던 언니는 옷 입는 센스가 남달랐다. 내가 입으면 시골에서 방금 상경했다고 해도 믿을 만큼 촌스러운 옷도, 언니가 입으면 밀라노 패션쇼를 누비는 '패피'였다.

'옷살옷사(옷에 살고 옷에 죽는다)' 이것저것 많이 사보니 안목이 생겼고 궁금한 옷이 생기면 새벽 첫차를 타고 서울을 방문했으며, 가끔은 해외까지 원정을 다녔단다. 언니 방의 책장엔 교과서보다 패션 잡지가 가득했던 열정 때문인지 '그 옷 어디에서 샀어?', '옷 살 때 내 옷도 좀 주문해주라', '그 귀걸이랑 목걸이는 어디에서 샀어?', '신발은?'이라며 그녀의 패션을 궁금해 했다. 장사를 하는 것도 아닌데 언니는 이미 걸어 다니는 매장이었다.

결국 언니는 대학을 진학하지 않고 고등학교 졸업과 동시에 옷가게를 오픈했다. 감각도 감각이거니와 가게에 들른 손님에게 어울릴 만한 옷 추천 센스가 있을 뿐만 아니라 매번 질 좋은 상품을 가져다 놓으니 단골 고객도 늘어갔다. 주인장의 스타일을 찬양하는 찐 팬들이 늘어나 코시국일 때도 직격타를 맞은 적이 없었다고 했다.

다단계로 치면 이미 언니는 다이아몬드다. 옷이 아닌 식품, 책, 화장품까지 손만 댔다 하면 다이아몬드가 되는 건 식은 죽 먹기였다. 만능 엔터테이너인 그녀가 언제나 내게 동경의 대상이었다.

물건을 많이 사봤지만 좋은 것을 고르는 센스가 없어서 성공

템보다는 실패템이 더 많았다. 리뷰를 꼼꼼히 보는 스타일도 아니었고 내가 생각한 기대감에 적당히 들어오면 그냥 남들이 다 쓴다니까, 써보니 괜찮다고 하니까 그들을 믿고 냉큼 구매했던 물건은 오래가지 않아 질리거나 버려졌다.

지금도 센스는 크게 변한 것이 없기에, 나를 아는 사람들은 나를 미니멀리스트이자 '쇼핑꽝손'이라고 불렀다. '이 물건 괜찮아?'라고 하면 소비 요정들, 검색 요정들이 알아서 '아니!!! 그거 절대 사지마!! 완전 별로야~', '이거 후기 괜찮다고 하는데?', '후기 같은 거 100% 믿지 말고 그냥 우리한테 물어봐~' 내게는 참 고마운 사람들이다.

인스타그램이나 유튜브에서 팔로워와 구독자가 늘어나면서 하루에도 공구 제의가 수십 개씩 들어온다. 돈을 벌 생각이었다면 진작하고도 남았을 터…

하지만 나는 쇼핑꽝손이고 그곳에 집중해서 쏟을 만한 하이텐션도, 꼼꼼함도 떨어졌다. 허당 쇼핑매니저가 추천하는 물건을 누가 사줄까? 주먹구구식 운영이 얼마나 오래 지속할 수 있겠는가? 그래서 물건보다 내가 잘하고 좋아하는 것을 팔기로 결심했다.

처음부터 경험을 판매할 생각은 없었다. 나의 꾸준한 기록이 쌓이면서 자연스럽게 고객이 생겼다. 6년 동안 미니멀라이프를 실천하는 모습을 기록하다 보니 비움과 살림 코칭이 가능해졌으며, 사진과 글이 다 하지 못하는 미니멀라이프의 현실감을 담고 싶어 영상을 촬영하여 편집을 하다 보니 유튜버가 되었다. 유튜브 채널을 운영하는 기술이 무기가 되어 영상 촬영, 편집을 코칭 하는 사람이 되었고, 수익형 유튜버로 데뷔를 하면서 돈을 벌기 위한 유튜브 노하우 훈련소 대장이 되었다.

SNS 속 기록을 보면서 과거를 꺼내고, 현재를 자랑하며 미래를 사랑하는 법을 공유하고 있다. 과거를 솔직하게 들추었을 때는 공감을, 현재를 자랑할 때는 동기부여를, 미래를 사랑하는 글을 남길 때는 꿈을 꾸게 만들었다.

통장에 꽂히는 돈만을 생각한다면 경험을 팔기보다 물건을 파는 것이 숫자적으로 높을 수도 있다. 상대적으로 경험 팔이 피플은 생산적인 장사라고 볼 수 없을 만큼 빈약하지만, 나의 경험이 누군가를 도울 수 있고, 타인이 성장하는 스토리를 보면서 마음에 쌓인 통장의 잔고는 오히려 두둑해진다. 진정한 경험 팔이 피플의 행복이 아닐까.

“미니멀라이프를 하고 싶은데 어디서부터 시작해야 하나요?”

“습관을 바꾸고 싶은데 어떻게 해야 할까요?”

“정리를 잘하고 싶은데 무엇을 해야 할까요?”

내게 물어오는 질문에 진심을 다해 답변을 하고 내 일인 것 마냥 피드백을 하다 보니 나의 경험을 그들과 공유하고 있었다. 지인의 집은 직접 방문해 문제점을 함께 찾고 비움과 정리를 할 수 있게 도왔다. 또한 주기적으로 공간을 점검하면서 예전으로 돌아가지 않도록 채찍을 바짝 당겼다.

그 경험이 쌓이다 보니 ‘나의 경험이 누군가를 도우면서 돈이 될 수 있겠다’는 확신이 생겼고 프로젝트 모임을 기획해 크루들을 모아 어렵게만 느끼는 ‘미니멀라이프’를 실천하게 만들고 공간과 습관을 변화할 수 있게 도왔다.

그렇게 나의 경험이 타인과 스스로에게 쓸모가 있음을 느꼈고 내가 가진 경험을 이용한 다양한 프로젝트 모임을 만들고 사람들과 나누고 있다. 그 결과 나의 수익은 배로 늘어났고 그들이 성장하고 꿈을 이루는 만큼 내 자존감 역시 높아졌다.

나의 경험은 누군가에게 새로움이었고, 배움이었으며 변할 수 있다는 기대감을 주기에 충분했다. 사고 파는 사람 모두 새로운 경험을 맞이하는 것은 쉬운 일은 아니었지만, 좋아서 할 수 있었던 일이었기 때문에 가능하다.

내가 경험한 모든 것에 쓸모가 생겼다. 이 세상에 쓸모없는 경험은 없다고 생각한다. 지금 당장 자신의 경험을 적어보자. 성공과 실패, 어떤 것이든 좋다. 평소 자주 듣는 이야기나 질문도 좋다. 거기에 잘하는 것, 좋아하는 것을 찾아보자. 내가 누군가에게 진심을 다해 질문과 고민을 카운슬링 할 수 있다면 당신은 이미 경험 팔이 피플이며, 준비된 1인 지식 경영가다.

1인 지식 경영가가 되다

집에서 남편이 벌어다 주는 월급에 맞춰 사는 '전업주부' 프레임에 갇히는 것이 싫어서 열심히 집안 살림을 돌봤지만 나는 살림에 무능했다. 무능함이 탄로 나면 정말 집에서 놀고먹었다는 것을 인정하는 것만 같아서 이럴 바엔 차라리 워킹맘으로 사는 것이 낫겠다 싶어 일자리를 구해 봤지만 '경력단절'로 나를 불러주는 곳은 그 어디에도 없었다.

결과적으로 내가 그동안 애써왔던 살림의 공든 탑이 무너지면서 그나마 붙들고 있었던 살림에 관심과 자존감이 지하 감옥으로 떨어졌다. 내가 살고 있는 집은 고립된 곳이 되었고 내가 하는 모든 것들은 무의미해졌다.

못난 사람 중에서도 내가 제일 못난 사람이라는 생각에 사로잡히다 보니 자연스레 내가 책임져야 했던 집안일에서도 손을 놓고 말았다. 나는 어수선한 공간을 보고 있어도 아무렇지 않았고 쌓여 있는 집안일을 보고도 모른 체했다. '어차피 해봤자 인정도 못 받을 일, 애써봤자 뭐해'라며 매일 도착하는 택배 박스 안 물건들을 언박싱 하면서 뚫린 마음을 달랬지만, 이 생활도 오래 지속하다 보니 감흥이 떨어지면서 계속 이렇게 살다가는 큰일 나겠다는 생각이 들었다.

우연히 눈에 들어온 여백이 많은 집의 사진 한 장과 글을 보고 내가 지금부터 해야 할 것은 바로 이거다라는 생각에 눈이 번쩍 뜨였다. 바로 미니멀라이프. 하루하루가 외줄타기여서 미니멀라이프를 붙잡고 싶었던 것 같다. 나만의 미니멀라이프 기록을 SNS에 올리면서 과거의 나와 현재의 나를 비교하며 절대 과거로 돌아가지 않겠다는 다짐이자 나와 같은 마음의 병을 가지고 있거나 공간에 대한 걱정거리를 가지고 있는 사람에게 나의 기록이 희망의 끈이 되기를 간절히 바랐다.

하루하루 외줄타기를 하고 있는 그들에게 생명줄이 되길 바랐으며, 알아봐 주길 바라지는 않았지만 알아볼 사람을 위해 기록을 게을리하지 않았다. 그렇게 나는 미니멀라이프 전도사가 되었고 메신저 역할을 자처했다.

그러다가 '주부들이 유튜브를 해야 하는 이유'라는 영상을 보고 유튜브를 시작해야 하는 동기부여가 확실해졌으며 당장 어떻게 시작하는지부터 장비며, 편집 등의 기술을 검색하고 따라했다. 잘 되는 영상을 분석하며 그들이 갖고 있는 여러 장점들을 벤치마킹했다. 촬영 또한 잘하는 사람들의 기법을 자주 보며 내 것으로 만들기 위해 훈련을 했다.

재주가 없는 사람은 여러 번 반복하는 것이 가장 쉽고 바른 지름길이라 생각했기에 많은 시간을 촬영에 매달렸고 손에 익숙해질 때까지 무한 반복을 되풀이했다. '맨땅에 헤딩'이라는 말이 어울릴 정도로 누군가가 업로딩을 해 놓은 영상을 교과서 삼아 공부하고 실행하고 꾸준히 연습했다.

미니멀라이프를 하고 싶어 하는 사람들이 자주 하는 질문을 모아 살림 브이로그를 제작하고자 했기에 기존 살림 브이로그로 영상을 제작하는 채널들의 썸네일과 제목을 분석하며 인기 영상의 장점을 가져다 미니멀써니 스타일에 맞게 재구성해서 만들었다.

그런 노력 덕분에 영상이 하나둘씩 쌓여 갈 때마다 구독자 수가 상승했고 조회 수도 상상할 수 없을 만큼 '떡상'한 영상들이 한두 개씩 나오면서 밤을 새서 기획하고 촬영하고 편집하면서 보낸 나의 에너지와 피로가 보상 받는 기분이었다. 그리고 유튜브 채널의 첫 달 수익인 100달러가 외환 통장에 꽂혔을 때의 짜릿함을 아직도 잊을 수가 없다.

어떤 이는 고작 한 달에 10만 원을 벌려고 하루 종일 시간을 투자해 촬영, 편집을 하고 일주일에 영상 하나를 만드냐고 핀잔을 던질지도 모른다. 차라리 그 시간에 다른 곳에 가서 알바를 하는 게 훨씬 현실적이지 않냐고 물어오기도 한다.

하지만 나는 한 번도 내 선택에 후회를 해 본 적이 없다. 내 장점이자 단점은 어떤 선택을 할 때 할 수 있다는 자신감이 차면 못 먹어도 고!이기 때문이다. 자신감 하나로 버티면 안 되는 것도

없었고, 무엇보다 자신감이 있으면 뚜렷한 목표가 생기고 실행할 수 있는 힘이 생긴다.

지금은 미니멀라이프를 기반으로 한 SNS를 운영하고 있으며 미니멀라이프 살림과 자기계발, SNS 운영 노하우, 영상 촬영 및 편집 방법에 대한 코칭까지 크루를 모집하고 프로젝트 리더로 함께 하고 있다.

나는 사람들에게 SNS에 자신의 민낯을 드러내라고 한다. 진심을 다해 진솔하게 나를 꺼내면 내 이야기에 힘을 실어 줄 팬덤이 생성되고 그것은 곧 또 다른 통로를 만들어 준다. 그뿐만 아니라 꿈만 꾸던 일들이 하나둘씩 실현이 되는 기적을 만들어 주기 때문이다.

무슨 이야기를 해야 할지 모르겠다 혹은 SNS를 하는 시간은 너무나 아깝다고 말하는 사람들도 분명히 있을 것이다. 하지만 남들에게 나를 꺼내고 무언가를 기록하는 시간에 여러분은 무얼 하고 있는지 생각해 보자. 타인이 만들어 놓은 공간을 탐닉하고 대리만족만 하고 있는 것은 아닌지, 꿈을 조롱하며 신세를 한탄만 하고 있진 않은지, 자격지심에 어딘가에서 마녀사냥을 즐기고 있진 않은지….

SNS에 투자하는 시간을 아깝지 않도록, 나의 기록이 쓰레기통에 들어가지 않도록 많은 시간을 아낌없이 투자하다 보면 어느덧 자연스럽게 '퍼스널 브랜딩' 기록이 곧 내가 되는 순간이 오게 되어 있다.

지금의 꿈을 이루고 싶다면 이미 앞서 꿈을 이룬 평범한 이들의 성장 스토리에 귀를 기울이고 그들이 성장하기 위해 노력한 것들을 하나하나 실행에 옮기면서 성장하기 위해 하지 않았던 것들을 천천히 시작해 보자.

한 걸음을 떼면 두 걸음은 쉽다. 그러다 보면 달리기를 할 때도 있고 숨이 차면 잠시 쉬어가면 된다. 오늘부터 내 마음 어느 한 공간에 '도전'이라는 주머니를 만들어 주머니 안에 간절함, 꾸준함한 스푼을 넣고 터지지 않게 조심히 다루자. 그러다 보면 어느 샌가 주머니는 나를 빛나게 해줄 꿈 주머니가 되어 있을 것이다.

미니멀라이프를 실천하지 않았더라면 아직도 남을 의식하는 삶을 살았을지도 모른다. 내가 만들어 놓은 자격지심에 허덕이고 있을 것이다. 생각해 보면 나는 살림과 육아를 잘하지 못했지만, 못하지도 않았다. 남이 정해 놓은 기준이 중심이 되다 보니 나를 계속 못난이로, 쓸모없는 사람으로 여기며 셀프 무시를 했다.

나는 미니멀라이프로 나를 돌보는 사람이 되었다. '부족해도 괜찮아', '이만하면 충분해', '잘했어'라며 매일 셀프 칭찬하는 사람이 되었고 내면 역시 매일이 리즈 갱신이다. 지금 당장 무엇이라도 도전해 보자. 1년 뒤 당신도 분명 누군가에게 메신저가 되어 있을 것이다.

미니멀라이프,
타인의 기준 따윈 중요하지 않다

우연히 '불필요한 것들과 이별하기'에 매료되어 간소한 삶을 지향하며 비움을 꾸준히 실천한 지도 7년차, 미니멀라이프도 자발적이었고 내가 좋아서 시작한 SNS의 비움 생활 기록이, 한 사람이 미니멀리스트가 되어 가는 과정의 기록이 되었다. 그러다 보니 나를 '미니멀리스트'라 불러주는 사람이 생겼고 미니멀리스트로서 보여주어야 하는 라이프 역시 거짓이 없어야 했다. 나는 단 한 번도 내가 미니멀리스트라는 생각을 해본 적이 없는 데도, 나를 보는 사람은 자신의 물건 개수나 유무 등을 비교하며 나를 비현실적(?) 부류로 분류하고 미니멀리스트라고 불렀다.

언젠가 한번은 누군가 내게 미니멀라이프 성공에 대한 강박에 대한 질문을 하였다.

“미니멀라이프를 실천하면서 강박을 어떻게 극복하셨나요?”

나는 너무나 단순하고 명료하게 “성공하려 하지 마세요”라고 대답했다. 그 당시 내가 내린 정답이었다.

미니멀라이프에 성공이 어디 있을까? 간소한 삶을 살아가려는데 시작점부터 주춤해 본 사람의 고민을 들어보면 미니멀라이프의 최종 목표가 ‘궁극의 미니멀리스트’라는 점이다. 그래서 그들의 삶을 동경하고, 그렇게 살아야만 미니멀라이프의 성공이라 여기며 그들과 하나라도 다르거나 어긋나면 실패라고 여겼다.

나도 시작은 별반 다르지 않았다. 미니멀라이프를 다루고 있는 책이나 영상 속 내용은 ‘궁극의 미니멀리스트의 삶’을 살아가는 사람들의 이야기가 대부분이었다. 미니멀라이프의 기본 개념도 없었던 터라 그게 정답인줄 알고 그렇게 실천하려 애썼다.

하지만 시간이 흐를수록 뭔가 나와 맞지 않는 가치관이 연속적으로 충돌해대기 시작했다. 나는 물건 없이 살아갈 수 없는 사람이지만 공간이 주는 위로는 알기에 물건이 아예 없는 텅 빈 공간보다는 여백이 넘치는 공간에, 있어야 할 물건과 좋아하는 물건이 조화로움을 이룬 채 단정하게 가꾸어 가는 것을 원하는 사람이었다.

미니멀라이프를 실천한다면서 건조기, 전자레인지, 전기밥솥은 왜 안 비웠냐고 물어오는 사람도 있었다. 그럴 때마다 나는

"그 물건들은 나의 생활을 편리하게 해주기 때문이에요. 내게 편리함을 주고 그 물건들이 있어서 내 삶이 좀 더 편안해질 수 있는데 비워야 하나요?"

솔직히 많은 물건에 지쳐 있었던 때라 물건 없이 사는 삶이 최고라 여겨 전자레인지를 비워 볼까 고민도 했었고, 전기밥솥도 비움의 대상이었다. 비움의 대상으로 선정된 이유는 없었다. 그냥 미니멀라이프를 실천하고 있는 사람들은 대부분 전자레인지도, 전기밥솥도, 건조기도 필요가 없다고 했으니까.

그런데 전자레인지가 없으면 음식을 어디에 데워 먹어야 할지 몰랐고, 전기밥솥의 편리함을 포기할 수가 없었다. 그래도 비워야 하는 물건이라고 하니까 당장 비우지는 못하겠으니 잠시 숨겨 놓기로 하고 삶의 불편을 체험하기도 했다.

딱히 데워야 하는 음식이 없을 때는 불편하지 않았고 에어프라이기를 사용하기도 했다. 하지만 전자레인지가 없는 생활은 내게 불편함의 연속이었다.

"미니멀라이프도 좋다 이거야. 그런데 생활에 불편함을 겪으면서까지 이러고 살아야 돼?"

그때 내가 놓치고 있었던 것이 보였다. 편리한 생활을 하고 싶어서 미니멀라이프를 실천하려는 것인데, 전자레인지를 숨겨 놓으면서까지 불편함을 감수해야 할까. 그러고 나서 전자레인지는 다시 주방으로 돌아왔다.

전자레인지가 돌아온 뒤 우리집 생활은 다시 평화를 찾았다. 전기밥솥과 건조기 역시 비워야 하고 들여서도 안 되는 살림이라고 했다. 그런데 나의 시간을 대폭 줄여주고 편리함을 선물 받고 있는데 미니멀라이프를 하고 있기에 물건을 비울 수는 없었다.

많은 시행착오를 겪고 난 뒤 나는 물건 없이 살 수 있는 사람이 아님을 확실히 알게 되었다. 대신 물건을 적게 가지고 살아가면서 만족할 수 있는 사람이 되기로 마음먹으면서 미니멀라이프가 조금 더 쉽게 다가왔고 지금까지도 지속할 수 있었다.

아직도 많은 이들은 물건 없이 사는 삶이 정답이라 생각하며 미니멀라이프를 도전하려고 한다. 하지만 미니멀라이프의 성공 기준이 그저 '물건 없이 사는 것'이 되어서는 안 된다. 스스로가 정한 비움의 기준을 명확하게 세우고 내게 기쁨을 주거나 편안함을 주는 물건이라면 남겨 놓거나 새로 들여도 된다는 것이다. 타인의 기준이 아닌 내가 지금 함께 살아가고 있는 이들의 구성원 수, 성격, 공간의 크기, 가치관이 기준이 되어 깊게 생각해 보아야 한다. 그래야 지치지 않고 다른 사람의 미니멀라이프를 자연스럽게 받아들이며 내 것으로 만들 수 있다.

어떻게 매일 물건을 비울 수 있겠는가? 비워지는 물건이 있으면 필요에 의해 반드시 채워지는 물건도 있기 마련이다. 하지만 빈 공간을 만들기 위한 미니멀라이프를 위해 필요한 물건까지 포기하

minimal sunny

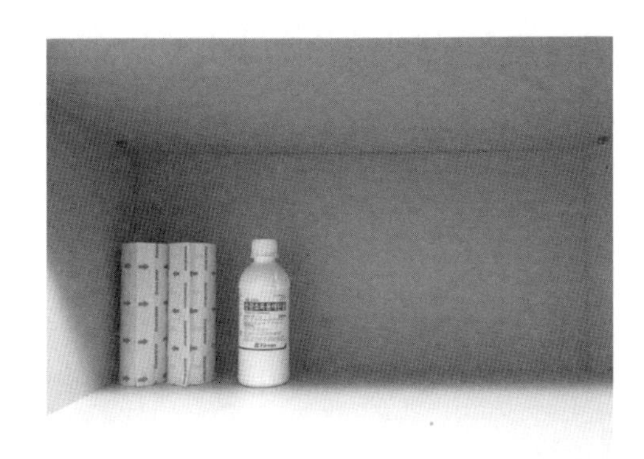

고 있다면 멈추기를 요청한다.

냄비 한 개로 살림을 영위하는 삶이 부러워 자신의 특성을 제대로 파악하지도 못하고 냄비 한 개만 남기고 다 비운 것은 아닌지, 미니멀라이프를 위해 옷 열 벌을 남기고 모두 버리지 않았는지, 우리집이 미니멀해 보이지 않는다며 잘 사용하고 있는 가구나 가전을 비운 뒤 미니멀한 디자인의 제품으로 공간을 꾸미고 있지는 않는지, 평소 잘 만나고 있는 사람들도 미니멀라이프를 핑계로 연락처에서 삭제하고 후회하고 있지는 않는지, 플라스틱과 비닐을 사용하지 않기 위해 플라스틱을 버린 뒤 정리되지 않는 물건 더미에서 멘붕을 겪고 다시 플라스틱 바구니를 사서 정리하진 않았는지, 웨딩액자를 비워야 미니멀라이프를 잘하는 것처럼 보여 웨딩 액자를 버린 뒤 이혼의 문턱까지 다녀오진 않았는지, 내가 좋아하는 미니멀에 빠져 가족의 소중한 물건을 허락 없이 비우진 않았는지, 이렇게 비움과 채움의 기준이 내가 되지 않으면 미니멀라이프를 하려다 라이프가 엉망이 되어 버릴 수 있다.

무수히 다양한 라이프 스타일에서 미니멀라이프를 선택한 것은 '나'였고 비울 것과 남겨야 할 것을 고르는 것도 '나'였다. 내가 선택한 라이프 스타일이 비록 응원 받지 못하더라도 내가 살고 싶어 하는 공간을 만드는 것의 기준은 오로지 내 몫이었다.

모든 기준에서 '나'를 놓고 보니 타인의 시선에서 자유로워 질 수 있었고 내가 무엇을 좋아하고 싫어하는지, 내가 무엇을 할 수 있고 할 수 없는지 분명하게 알게 되었다. 그리고 비움과 채움의 기준이 되었다.

누구나 좋아하는 물건이 있고 비울 수 없는 물건이 있다. 물건의 종류나 개수가 같을 수도 있고 다를 수도 있다. 그러니 누군가의 말에 휘둘리지 말고 자신과의 대화를 충분히 나눈 뒤 신중하게 결정해야 후회가 없다는 것을 명심하길 바란다.

미니멀라이프를 위해 억지로 비우다 보면 열이면 열 후회를 한다. 대신 비울 수 있는 다른 물건을 줄여 균형을 맞춰가며 후회 없이 지속가능한 미니멀라이프를 영위하길 진심으로 바랄 뿐이다.

미니멀써니의 마음을 채우는 1일 1비움

ORGANIZE TIME

오거나이즈 타임

펴낸날 초판 1쇄 2022년 3월 28일
3쇄 2022년 7월 4일

지은이 박정선

펴낸이 강진수
편 집 김은숙, 유승현
디자인 임수현

인 쇄 (주)사피엔스컬쳐

펴낸곳 (주)북스고 출판등록 제2017-000136호 2017년 11월 23일
주 소 서울시 중구 서소문로 116 유원빌딩 1511호
전 화 (02) 6403-0042 팩 스 (02) 6499-1053

© 박정선, 2022

• 이 책은 저작권법에 따라 보호를 받는 저작물이므로 무단 전재와 무단 복제를 금지하며,
이 책 내용의 전부 또는 일부를 이용하려면 반드시 저작권자와 (주)북스고의 서면 동의를 받아야 합니다.
• 책값은 뒤표지에 있습니다. 잘못된 책은 바꾸어 드립니다.

ISBN 979-11-6760-024-0 03590

책 출간을 원하시는 분은 이메일 booksgo@naver.com로 간단한 개요와 취지, 연락처 등을 보내주세요.
Booksgo는 건강하고 행복한 삶을 위한 가치 있는 콘텐츠를 만듭니다.